Odil Hannes Steck
Die Herkunft des Menschen

Odil Hannes Steck

Die Herkunft des Menschen

 Theologischer Verlag Zürich

CIP-Kurztitelaufnahme der Deutschen Bibliothek

Steck, Odil Hannes:
Die Herkunft des Menschen / Odil Hannes Steck. –
Zürich: Theologischer Verlag, 1983
ISBN 3-290-11528-3

Printed in Germany by Buch- und Offsetdruckerei Sommer,
Feuchtwangen

Inhalt

Vorwort

Woher kommt der Mensch? Seit alters wird diese Frage gestellt, um Leben zu verstehen und zu orientieren. Die Antworten aber sind verschieden. Insbesondere werden die Sicht der neuzeitlichen Naturwissenschaft und die Sicht der Bibel als Widerspruch wahrgenommen. Gibt es gleichwohl Brücken? Von naturwissenschaftlicher Seite hat der Biologe Gerhart Wagner mit der Artikelserie «Abstammung und Würde des Menschen» in der vielgelesenen Schweizer Zeitschrift «Leben und Glauben» (1980/81) einen Brückenschlag versucht. Das vorliegende Bändchen ist ein Versuch von theologisch-exegetischer Seite. Es wurde auf Bitten des Theologischen Verlages Zürich geschrieben, um zu der Frage der Herkunft des Menschen der Sicht der Naturwissenschaft die Sicht der Bibel gegenüberzustellen.

Erhebliche Teile der folgenden Darstellung der biblischen Sicht des Menschen als Geschöpf Gottes sind für die vorliegende Veröffentlichung neu formuliert. An zahlreichen Stellen konnte aber auch auf Abschnitte und Formulierungen aus meiner umfangreicheren Untersuchung «Welt und Umwelt» (Biblische Konfrontationen, Kohlhammer-Taschenbücher, Band 1006, 1978) zurückgegriffen werden, die im vorliegenden Bändchen gekürzt und redigiert wiederkehren; dem Verlag W. Kohlhammer GmbH, Stuttgart, ist in diesem Zusammenhang für freundliche Erlaubnis zu danken. Wer ausführliche Begründungen sowie Literaturhinweise zur folgenden Darstellung sucht, sei an die Darlegungen in «Welt und Umwelt» verwiesen.

Zur Orientierung des Lesers noch ein Wort zum Aufbau des Folgenden. Wie ein Rahmen stehen Ausführungen zum Verhältnis von naturwissenschaftlichen und biblischen Aussagen über die Herkunft des Menschen am Anfang und Ende der Darstellung (Kapitel 1 und 10). Dazwischen ist in acht Kapiteln die biblische Sicht nachgezeichnet. Dabei wird der Leser zunächst an den Schöpfungsbericht am Anfang der Bibel herangeführt (Kapitel 2); was sich in diesem berühmten und folgenreichen Text über die Herkunft des Menschen beobachten

und erkennen läßt, wird in den anschließenden Kapiteln 3 bis 9 aufgenommen, weitergeführt und um die Aussagen zusätzlicher biblischer
Texte – auch des Neuen Testaments – vertieft.

Zürich, im Mai 1983   *Odil Hannes Steck*

1. Der Schritt von der Naturwissenschaft zur Bibel

Neuzeitliche Naturwissenschaft zeichnet ihr Bild von der Herkunft des Menschen – mit dem ganzen Gewicht des Bewiesenen, Nachprüfbaren, Offensichtlichen. Und nun die Sicht der Bibel.

«Schritt» ist ein viel zu harmloser Ausdruck für den Übergang, der uns jetzt bevorsteht. Eher wie eine Schlucht von gähnender Tiefe kommt uns dieser Übergang von der Naturwissenschaft zur Bibel vor. Auf der einen Seite das Erforschte, das Nachweisbare, das Allgemeinverbindliche. Drüben auf der anderen Seite, wie es scheint, nur noch das Beliebige, bloße Glaubensansichten, die man der Bibel zuliebe vertritt. Eine Brücke dazwischen sieht man nicht. Wer beides haben will, muß offenbar in Spaltung leben. In seinem Verstand, in seinem Wissen, in den nüchternen Orientierungen und Tätigkeiten des Alltags mit den Erkenntnissen der Naturwissenschaft und ihrer technischen Nutzung. Nur in der Seele, im Glauben, in den Besinnlichkeiten des Sonntags und den weniger rationalen Lebensphasen der Kindheit und des Alters mit der Bibel. Konflikte kommen dann von selbst: Leben wir in einer Welt, die in anonymen kosmo- und biogenetischen Prozessen *geworden* ist oder die von Gott *geschaffen* ist? Leben wir in einer Welt, die in *Jahrmillionen* entstanden ist oder durch göttliche Schöpfungsarbeit in *sechs Tagen*? Pflanzen – verschiedene Arten von Tieren – Menschen – ist alles erst in riesigen Zeiträumen auseinander entstanden oder von Gott am Anfang sogleich erschaffen? Und ich mit meinem Leben – muß ich mich in diesem anonymen Werdeprozeß sehen, gewollt oder ungewollt «gemacht» von Vater und Mutter, oder als Geschöpf Gottes? Wer in diesen Spannungen den Kürzeren zieht, scheint klar: Das Bekenntnis der christlichen Kirche «Ich glaube an Gott, den Schöpfer des Himmels und der Erde» und Luthers Auslegung im Kleinen Katechismus «Ich glaube, daß mich Gott geschaffen hat samt allen Kreaturen» fügen offenbar dem, was sich natürlich, wissenschaftlich anders erklären läßt und was naturwissenschaftlich längst anders erklärt ist, noch eine zusätzliche Glaubensperspektive hinzu, die vielen einfach unnötig und beliebig vorkommt und deshalb unwirksam für Verstehen und Handeln in der heutigen Zeit.

Unsere Darstellung hat nicht die Aufgabe, die Kluft zwischen Naturwissenschaft und biblischer Sicht des Menschen wegzuzaubern, zu vernebeln und zu verharmlosen; denn diese Kluft besteht in der Tat. Aber sie muß in ihrem wahren Ausmaß und ihrer wirklichen Tiefe erst sichtbar werden. In der landläufigen Sicht und Erfahrung, die wir eingangs skizziert haben, ist das nicht der Fall. In ihr stecken gewichtige Fehler, die alles verzerren.

Unter Christen ist es vor allem der Fehler, daß von Entstehungszeit und Horizont der biblischen Zeugnisse einfach abgesehen wird. Warum? Im Bereich der Kirche ist die Bibel ein Buch, auf das man *heute* hört, das *jetzt*, in der Gegenwart zu uns spricht. Diese Gegenwartsbedeutung, die christlichem Glauben ganz unverzichtbar ist, verführt aber dazu, die Bibel überhaupt einfach wie ein Buch aus der Gegenwart zu nehmen. Und ihre Aussagen über die Herkunft von Welt und Mensch damit als naturwissenschaftliche Aussagen, die zwangsläufig in Konkurrenz zum zünftigen Wissen neuzeitlicher Naturwissenschaft treten müssen. Abstammung gegen Schöpfung des Menschen, Darwin gegen Mose oder den Heiligen Geist heißen dann die Schlagworte. Aber sind die biblischen Texte wirklich so zeitlos nah? Zeigen Übersetzungen, Erklärungen, Predigten nicht, daß sie doch erst aus ihrer Zeit mit Überlegung und Verantwortung in die unsere «transportiert» werden müssen? Was aber soll da «transportiert» werden? Hier ist auch im Bereich unseres Themas die verantwortliche Frage vonnöten, was die biblischen Texte zu ihrer Entstehungszeit vor mehr als zwei Jahrtausenden *selber* über Herkunft von Mensch und Welt sagen *konnten*, und damit die Arbeit historischen Verstehens der biblischen Texte. Solche Arbeit kann zeigen und zugeben, was für jeden Einsichtigen ohnehin selbstverständlich ist: daß Aussagen über die Herkunft von Welt und Mensch aus antiker Zeit in ihrem *naturwissenschaftlichen Gehalt* dem Wissensstand der Moderne unterlegen sind. Wie jedes andere antike Buch weiß auch die Bibel von alledem viel weniger, als jedes Kind heute darüber in der Schule lernt.

War also die biblische Rede von Gott dem Schöpfer, von der Welt, den Gestirnen, den Lebewesen, den Menschen als Geschöpfen Gottes nur Chiffre für das, was man damals noch nicht wußte und heute längst «natürlich» erklären kann? Hier liegt der zweite Fehler, der die wahre Sicht in die Kluft verschleiert. Ein Fehler, der im Kreis derer gemacht wird, die die Bibel meinen längst hinter sich gelassen zu haben. Die die biblischen Aussagen von Welt und Mensch als naive und allenfalls noch ästhetisch reizvolle Vorformen von Naturwissenschaft aus der Kinderzeit der Menschheit ansehen. Wieder muß die Arbeit historischen Verstehens der biblischen Texte auf den Plan und fragen, was diese zu ihrer Entstehungszeit *selber* sagen *wollten*. Solche Arbeit kann sichtbar machen, was heute noch keineswegs selbstverständlich ist: daß die biblischen Aussagen über die Herkunft von Welt und Mensch nicht einfach durch den gewaltigen Fortschritt des Wissens überholt wurden. Sie enthalten einen Überschuß. Sie enthalten bleibend-wichtige Grundperspektiven, die gleichsam im toten Winkel unseres modernen, naturwissenschaftlichen Einzelwissens liegen. Grundperspektiven, die uns wissenschaftsgläubigen Menschen der Moderne fatal und überlebensbedrohlich entglitten sein könnten, aber in ihrer Orientierungskraft nach wie vor wesentlich sind. Wie finden wir diese Orientierungen?

Wegweisende Orientierungen und Impulse für das Selbstverständnis des Menschen in der Gegenwart entstehen nicht da, wo in einem fruchtlosen Gegeneinander von Bibel und Naturwissenschaft Scheingräben ausgehoben werden und selbstgeschaffene Spannungen dazwischen ausgehalten werden sollen. Wegweisende Orientierungen und Impulse entstehen erst aus dem *Dialog* zwischen einer Naturwissenschaft, die sich öffnet für biblische Grundeinsichten, und einer Theologie, die bereit ist, alles Wissen, auch das der modernen Naturwissenschaft, unter der Perspektive der Wahrheit biblischer Gotteszeugnisses stets neu zu durchdenken. Erst in diesem Dialog wird dann auch die wahre Kluft zwischen Naturwissenschaft und Bibel sichtbar werden, an der sich die Geister scheiden: die Kluft zwischen einem Totalitätsanspruch des Menschen mit seinen eigenen wissenschaftlichen Orientierungen, Wertsetzungen, religiösen Anstrengungen und dem Glauben, der alles Wissen, auch das nachbiblische und moderne, antik-biblische Wissensstand überholende, den Grundperspektiven biblischer Gotteswahrheit kritisch-sichtend integriert.

Die nachstehenden Kapitel wollen einen Teil dieser Aufgabe angehen. Die grundlegende Frage nämlich: «Was konnten und was wollten biblische Texte *selbst* zu *ihrer* Zeit von der Herkunft des Menschen und der Welt sagen?» Die biblischen Texte werden diese Frage freilich erweitern: Gegenwart und Zukunft des Menschen können von seiner Herkunft hier nicht abgelöst werden; auch von den besonderen ethi-

schen Perspektiven, die speziell in den biblischen Schöpfungstexten
aus der Herkunft des Menschen folgen, muß die Rede sein, auch wenn
es beileibe nicht die einzigen ethischen Aspekte der Bibel sind.

Der Leser mag schon aus diesen hinführenden Gedanken ersehen,
daß wir uns auf der zur Zeit vor allem in den USA wieder auflebenden
Linie des «Kreationismus» (creation research) nicht bewegen können.
Mit solcher «Versöhnung» von Naturwissenschaft und Glaube wird
abgesehen von allem anderen der Gültigkeit biblischer Sicht kein
Dienst erwiesen. Weil die grundlegende Frage umgangen wird, was die
biblischen Schöpfungstexte bei ihrer Formulierung *selber* sagen konnten und wollten! In einer Artikelreihe in der «Reformatio» 1982 haben
jüngst H. R. Brugger von naturwissenschaftlicher (S. 160–175: Die
Geschichte der Schöpfung: Ist die Erde ein junger Planet?) und J. Flury von theologischer Seite (S. 175–179: Naturwissenschaft und Glaube) zur Position dieses sogenannten «Kreationismus» kritisch Stellung
genommen; es braucht im einzelnen hier nicht wiederholt zu werden.
Nur dies sei zitiert, was J. Flury am Ende seines Beitrags schreibt:
«Der Glaube muß, ausgehend vom biblischen Bericht, an die Naturwissenschaft die Frage nach der Wirklichkeit stellen. Ist das, was die
empirischen Daten widerzuspiegeln versuchen, die Wirklichkeit? ...
Wenn, was anzunehmen ist, die naturwissenschaftlichen Aussagen
über das Schöpfungsgeschehen nur einen Teil des Geschehens einfangen, dann sind andere Aussagen denkbar, die das gleiche Geschehen
betreffen, ohne sich vor den ersten Aussagen ausweisen zu müssen.
Daß hier die Frage nach der Wahrheit (nicht Richtigkeit!) sowohl der
naturwissenschaftlichen wie der theologischen Aussagen aufbricht, ist
ein positives Merkmal dieses Streites. Der Glaube hält ja den Anspruch
aufrecht, es ebenso und mit der gleichen Wirklichkeit zu tun zu haben.
Hier muß es also – außer der Glaube gibt sich selbst auf – zu Berüh-
rungs- und Streitpunkten kommen. Dies allerdings nur, wenn der
Glaube weder apologetisch alles verwirft, was nicht in sein Konzept
paßt, noch gläubig vor der Methode und den Ergebnissen der Naturwissenschaft verharrt, sondern offensiv sein Eigenes in diesen Streit
einbringt. Es könnte letztlich zum Besten auch der Naturwissenschaft
sein.»

Eine persönliche Erinnerung am Ende dieses Abschnitts. Vor einigen Jahren war ich an einer Tagung beteiligt mit dem Thema: «Zufäl-
ligkeit und Einmaligkeit des Menschseins im Horizont heutigen evolutionären Denkens». Der erste Tag gehörte dem Evolutionsbiologen;

er sprach über «Die Evolution des Lebendigen – Ursachen, Mechanismen, Fakten», er zeigte Bilder, Schemata, Diagramme von zwingender Evidenz – Wissenschaft. Der zweite Tag gehörte mir und meinem Thema «Die Eigenart der biblischen Schöpfungsaussagen angesichts der Moderne». Schon einmal also der große Schritt, von dem wir eingangs sprachen. Wie ihn tun? Ich hatte keine Dias, keine Bilder von zwingender wissenschaftlicher Evidenz, die zu der Wahrheit biblischer Grundperspektiven führen. Also hoffnungslos unterlegen? Ich begann gleichwohl mit «Bildern», erweckte vor dem inneren Auge der Zuhörer Bilder von Realitäten, die die Evolutionsbiologie am Vortag nirgends bot, Bilder von Menschen – auf der Linie der biblischen Aussagen: das Leuchten auf den Gesichtern von Mann und Frau, die sich über ihr neugeborenes Kind beugen; ein Mensch beim Abschied an einer Krankenhauspforte, glücklich kehrt er heim – gesund; die Gitter auf den Plattformen des Eiffelturms – gegen Menschen, die verzweifelt hinunter wollen, damit endlich alles aus ist; ein Laib Brot, in den der Vater ein Kreuz schneidet, bevor es bei Tisch sorgsam verteilt wird; das ungelenk gemalte Votivbild in einer Kirche – Bauer und Bäuerin knien neben dem Ährenfeld, das Hagelunwetter ist vorbeigezogen; der unprofitable Tümpel im Feld, den ein Bauer beläßt für Frösche und Störche. Bilder voller Erfahrung gelebten Lebens, also Bilder des Lebens – von seinem Wert, seiner Grenze und Unverfügbarkeit. Bilder, mindestens so real und mehr umschließend als alles, was naturgeschichtliche Bestimmungen und kausale Gesetzmäßigkeiten vom Leben einfangen können. Die Fragen nach Herkunft, Tiefe und Ziel dieses gelebten, erlebten Lebens weisen in die Richtung, in die die biblischen Aussagen blicken.

2. Der Schöpfungsbericht am Anfang der Bibel als Beispiel

Der ursprüngliche Textzusammenhang und seine Entstehungszeit

Auf den ersten Seiten der Bibel steht der am meisten bekannte und berühmte Text, der von der Herkunft von Welt und Mensch handelt. Aber er steht nicht isoliert und läßt sich nicht einfach herauspflücken. Er gehört in einen Zusammenhang – zunächst etwa in den der fünf sogenannten Mosebücher. Aber diese Bücher am Anfang der Bibel sind nicht der ursprüngliche Zusammenhang. Der Schöpfungsbericht wurde erstmals niedergeschrieben als Beginn einer Geschichtsdarstellung, die erheblich kürzer war und noch beträchtlich weniger umfaßte als der heutige Bibeltext der Mosebücher. Diese knappere, in die biblischen Bücher Genesis bis Deuteronomium eingegangene Geschichtsdarstellung begann mit einer «Urgeschichte», die unser Text eröffnete, und wurde weitergeführt durch eine Nachzeichnung des ganzen frühgeschichtlichen Israel von Abraham bis zum Tode Moses. Die Forschung hat dieses ältere Geschichtswerk innerhalb der fünf Mosebücher fast vollständig wiederfinden können. Dieses Werk ist der ursprüngliche Zusammenhang, für den der Schöpfungsbericht aufgeschrieben wurde; aus ihm wird sein Sinn deutlich. Wenn wir fragen, was die Aussagen von der Herkunft der Welt und des Menschen am Anfang der Bibel ursprünglich selber meinen, müssen wir uns im Rahmen dieses Geschichtswerks bewegen. Es wird wegen seiner priesterlichen Prägung «*Priesterschrift*» (Abkürzung: P) genannt und stammt von israelitischen Priestern aus dem Raum des babylonischen Exils. Zeitlich gesehen gehört es in das 6. oder allenfalls 5. vorchristliche Jahrhundert – in eine Krisenzeit, als Israel staatliche Eigenständigkeit, Königtum, Integrität des Volksbestandes in seinem Lande verloren hatte und unter Oberherrschaft des persischen Weltreiches stand.

Die Intention der Darstellung

Für unsere Frage am wichtigsten ist der erste Abschnitt, die «Urgeschichte». Dazu gehören zunächst eben der berühmte Schöpfungsbericht Gen 1,1–2,4a samt der Menschheitsliste von Adam bis Noah

(Gen 5), die göttlichen Segen in Fruchtbarkeit und Vermehrung der Menschen dokumentiert; sodann der Sintflutbericht innerhalb von Gen 6–8 mit Noahsegen und Noahbund 9,1–17 samt der Völkerliste innerhalb von Gen 10, die die weltweite Ausbreitung der Noahnachkommen in den Völkern der Erde aufweist. Danach ist dann wie gesagt von der Frühgeschichte des Alten Israel von Abraham bis zum Tode Moses die Rede. Und das Ganze dargestellt für Menschen und ihre Zeit, die über ein halbes Jahrtausend nach Mose leben.

Die biblische Perspektive in einer solchen Darstellung und zumal ihrer *Urgeschichte* zu Beginn ist heute schwer zu verstehen, wo auf den präzisen Unterschied zwischen Gegenwart und Vergangenheit in ihrer historischen Einmaligkeit und Begrenzung geachtet und der Begriff «Ur- und Frühgeschichte» für die älteste Zeit der Menschheit verwendet wird, von der wir nur materielle Reste, aber keine sprachlichen Überlieferungen haben. Modern gesehen kommt einem die Priesterschrift wie ein Sachbuch über die Naturgeschichte und die Anfänge der Menschheits- und Völkergeschichte vor. Aber die Erfahrungskrise des Alten Israel in der Exilszeit war nicht die Zeit für informierende Sachbücher. Wer sich in die Priesterschrift einliest, merkt schnell, daß er auf der falschen Spur ist: Da sind zuviele Ausgriffe in die Folgezeit nach Moses Tod, zuviele Reden, die nach wie vor bedeutsam sind, zuviele Voraussagen und Gebote, die gültig sein wollen, einfach gültig und nicht auf eine längst verstrichene Frühzeit beschränkt. Nein – in dieser priesterschriftlichen Geschichtsdarstellung von der Schöpfung bis zum Tode Moses weiß auch das exilische Israel sich angesprochen und deshalb wird hier an der Vergangenheit nicht das Überholte, sondern das seitdem bis jetzt Bleibende, Gültige hervorgehoben. Also so etwas wie eine Geschichte der Erfindungen und Entdeckungen, die bis heute unser Leben bestimmen, des Aufkommens der Ordnungen, die für menschliches Dasein gelten – die Menschenrechte seit dem 18. Jahrhundert, die Uno-Charta, die Bundesverfassung, das Grundgesetz? Schon eher. Nur mit einem gewichtigen Unterschied. Die Priesterschrift hebt aus der Vergangenheit nicht das fortan Gültige hervor, was Menschen selbst geschaffen und erkannt haben, sondern das, was außerhalb ihres Zutuns und ihrer Möglichkeiten nicht machbar gegeben und geordnet ist. Das Gültige also, das Menschen außerhalb der Reichweite ihrer eigenen Fähigkeiten immer schon vorfinden, mit anderen Worten: die Basis und Grundlage von außermenschlichen Einrichtungen, auf denen gleichwohl jedermann steht. Um dieses «Außerhalb» willen redet die Priesterschrift von Gott; um das Immergültige auszudrücken, redet sie von den Anfängen, seit denen es gilt. An diesen Setzungen soll man sich vergewissern und an ihnen sich zumal in Krisenzeiten orientieren – das ist der Grund, warum die Priesterschrift dem exilischen Israel geschrieben wurde.

Nun verstehen wir schon besser, was die Priesterschrift mit ihrer «Urgeschichte» ursprünglich will. Eine solch antik-biblische Urgeschichte erwächst nicht aus einem neuzeitlich-historischen Fragen nach Frühzeiten in ihrer Einmaligkeit und Unterschiedenheit von aller folgenden Geschichte. Obwohl die Priesterschrift in ihrer Urgeschichte genau datierte Vorgänge der Längstvergangenheit bietet, kommt es ihr eben anders als in einer naturwissenschaftlich-historischen Geschichte des Werdens von Welt und Mensch nicht auf den Abstand und Unterschied zum Heute, sondern im Gegenteil auf eine Sicht des Gewesenen unter Einschluß aller Folgezeit samt der Gegenwart an. Es handelt sich in dieser Urgeschichte der Priesterschrift also nicht um in sich abgeschlossene Einzelereignisse, über die der Strom der Folgezeiten längst hinweggegangen ist, sondern um abgeschlossene Geschehnisse von fortan grundlegender, immer präsenter Geltung und Auswirkung. Also um die *maßgebenden Anfänge*, um *die Grundlagen dessen, was fortan immer bis jetzt ist und sein soll*. Die Priesterschrift bietet hierfür von Gen 1 an eine Kette von Einrichtungen, Verfügungen, Zusagen und Zuwendungen in der Anfangssituation ihres Ergehens, um auf diese Weise das *immer Gegebene* und *immer Gültige* auch für die eigene Zeit, ja für alle Zeit zu fixieren. Die Urgeschichte von P fabelt also nicht über Anfänge, bei denen keiner dabei war. Hier blicken vielmehr Menschen aus ihrer Zeit zurück und nehmen die Grundlagen der eigenen Lebenswelt, das in Welt grundsätzlich Gegebene, das immer Geltende wahr als stiftende Geschehnisse des Anfangs, in denen fortan Gültiges für alle Folgezeit gesetzt wurde.

Solche grundlegenden, immer gültigen, Identität wahrenden Setzungen gibt die Priesterschrift für das Israel aller Zeiten in dem – eigentlich auch urgeschichtlich erfaßten – Zeitraum zwischen Abraham und Mose. Was hingegen für den Bereich der Welt und der Menschheit im ganzen an grundlegenden Einrichtungen, Verfügungen, Zusagen und Zuwendungen gilt, erfaßt sie in der Urgeschichte, und zwar abschließend. Was im Blick auf Welt und Menschheit ein für allemal zu sagen ist, ist demnach in den P-Texten von Gen 1–10 fixiert: in Gen 1,1–2,4a für die Welt, im ursprünglich Folgenden näherhin für die

Menschheit. Aber man beachte die Perspektive, die wir eben skizziert haben. Die Priesterschrift will hier das Aufkommen von Grundeinrichtungen und Grundordnungen für Mensch und Welt fixieren, wie sie seit Menschengedenken (!) gelten und gegeben sind. P findet sie am Anfang und bei Gott, weil sie aller menschlichen Aktivität vorauf- und zugrunde liegen, weil sie Ermöglichung, Rahmen und Grenzen alles sinnhaften Geschehens immer schon bestimmen – unüberholbar und nicht überschreitbar gültig. Die naturgeschichtliche Frage der naturwissenschaftlichen Herkunft von Welt und Leben, die wir in Jahrmillionen sehen müssen, ist demgegenüber enger und hat einen anderen Richtungssinn; wie jeder andere antike Text kennt auch die Priesterschrift diese Frage so noch nicht.

Also: Die «Urgeschichte» der Priesterschrift darf ihrer eigenen Absicht nach keinesfalls so verstanden werden, als handelte es sich etwa für den Bereich «Welt» hier um eine antike Ausprägung neuzeitlich-naturwissenschaftlicher Fragen nach kosmogonischen oder evolutionären Werdegängen der Naturgeschichte. Obwohl P hier Vorgänge am Anfang und in Abfolge der Zeit erfassen will, ist ihr Interesse nicht auf den Sektor naturgeschichtlicher Werdeprozesse bezogen, sondern auf umfassende Lebensgrundlagen, die in der Gegenwart als *allzeit* gültig gesehen und zum Ausdruck dessen als abgeschlossener, einmaliger Setzungsakt *am Anfang der Zeit* gezeichnet werden.

Soviel zu den Unterschieden zwischen einer neuzeitlich-historischen Geschichtsperspektive und der Weise der Priesterschrift, Zurückliegendes zu sehen. Durch das Tor dieser Erkenntnis muß jeder hindurch, der verstehen will, was diese biblische Darstellung will. Er muß sehen lernen, wie die Priesterschrift sah, und fragen wie sie.

Die wahrgenommene Welt

Fragt die Priesterschrift nach der Herkunft von Welt und Mensch, so geht sie, wie wir sahen, von ihrer gegenwärtigen Welt aus. Was macht seit Menschengedenken – und nicht seit naturwissenschaftlich bestimmbaren Anfängen – ihre Ermöglichung und ihre Ordnung aus? Das ist ihre Frage. Sie gibt die Antwort für die drei Bereiche: natürliche Welt, Menschenwelt und Israel. Ihr Blick wandert also in konzentrischen Kreisen. Das in P zuletzt Dargestellte, aber in Ansatz und Erfahrung Primäre ist Israel, die heilige Kultgemeinde mit Sühnekult, Sabbat und Beschneidung; für Israel immer gültige Einrichtungen, Verfügungen, Verheißungen und Zuwendungen stellt P zu Ohren des exilischen Israel, wie schon erwähnt, im Zeitraum zwischen Abraham und Mose dar. In der Urgeschichte vorgeschaltet ist, von hintenher gesehen, zunächst der Blick auf das nächstgroße Weitere, die Menschenwelt (in den P-Aussagen in Gen 5–10) und schließlich, total geweitet, der Blick auf die Welt (in Gen 1).

Beginnen wir in der Urgeschichte von rückwärts bei der Menschenwelt, so sieht P auf die gesamte Weltbevölkerung, an Hand kartographischer Vorstellungen angeordnet nach Verwandtschaftsgruppen, nach Sprachen in den jeweiligen Ländern und Völkergruppen (Gen 10,5.20.32). Was P in ihrer Sicht der Menschheit wichtig ist und was sie bestaunt, ist die große Zahl von Menschen (so auch Gen 5) und ihre Ausbreitung über die ganze Erde nach Sprachen, Ländern, Völkern geordnet (Gen 10P) als Weltbevölkerung – Indiz der Lebenskraft des Menschen. Ein Leitaspekt «Leben» kommt hier zum Vorschein. Und dies um so mehr, als die erstaunliche Ausbreitung der Menschheit als Weltbevölkerung für P in Spannung zu einem gegenläufigen Phänomen steht, das den Lebensbereich Erde belastet: Es ist das Phänomen der Gewalttat, der brutale, lebensberaubende Angriff auf Leib und Leben, der sich – auch im Zuge der Nahrungssuche – zwischen Mensch und Tier, aber insbesondere zwischen Mensch und Mensch ereignet (Gen 6,11–13; 9,1–17). Hier nimmt P also als gravierendes Problem in der Menschenwelt das Zusammenleben der Menschen mit den Tieren und der Menschen untereinander wahr, und zwar auf dem Feld elementarer Bedrohung menschlichen Lebens. P betont in diesem Zusammenhang aber auch, daß eine andere, außerhalb der Beziehung Mensch-Tier und Mensch-Mensch liegende Gefahr vorzeitiger Beendigung des Lebens durch Gewalt für die Lebewesen in ihrer Gesamtheit nicht gegeben ist: Eine Sintflut kehrt nie wieder (Gen 9,8–17).

So ist es nur konsequent, daß P den davorgeschalteten weitesten Bereich «Welt», den sie den Gen 1,1–2,4a vor der Menschenwelt erfaßt, völlig frei sieht von chaotischen Gegenmächten, die Leben bedrohlich werden könnten. Dieser *Schöpfungsbericht am Anfang der Bibel*, dem wir uns nun in der gebotenen Ausführlichkeit zuwenden, ist in seiner geistigen und sprachlichen Präzision nicht zu überbieten. Er ist in seiner Anlage und seinem Aufbau aufs überlegteste gestaltet. Wir müssen ihm einigen Raum widmen, weil er biblisch geprägtes Natur- und Menschenverständnis wie kaum ein anderer biblischer Text bestimmt.

Der Schöpfungsbericht der Priesterschrift

1.1.	ÜBERSCHRIFT	(1,1) *Am Anfang hat Gott Himmel und Erde geschaffen.*

1.2   *Zustand vor Einsatz des Schöpfungsgeschehens*

(1,2) *Die Erde aber war (noch) sinnlos und untauglich, und Finsternis war über der Ur-flut, und der Atem Gottes war in Bewegung über den Wassern.*

1,3–5   *Erster Tag*

> 1. Werk: Tag und Nacht im Schöpfungsvorgang

(1,3) *Da sprach Gott: «Es werde Licht!»: und es wurde Licht. (1,4) Und Gott sah, daß das Licht gut war. Und Gott schied das Licht von der Finsternis. (1,5) Und Gott nannte das Licht Tag, währen der die Finsternis Nacht nannte. Und es wurde Abend, und es wurde Morgen, der erste Tag.*

1,6–8   *Zweiter Tag*

> 2. Werk: Himmelsfeste

(1,6) *Und Gott sprach: «Es sei eine Feste inmitten der Wasser, so daß sie zwischen Wasser und Wasser (andauernd) scheidet!» (1,7) Gott machte die Feste, so daß sie schied die Wasser, die unterhalb von der Feste sind, von den Wassern, die oberhalb von der Feste sind;» (1,8) und Gott nannte die Feste Himmel; und Gott sah, daß es gut war. Und es wurde Abend, und es wurde Morgen, der zweite Tag.*

1,9–13   *Dritter Tag*

> 3. Werk: Meer, (Luftraum), Erde

> 4. Werk: Pflanzen

(1,9) *Und Gott sprach: «Es seien die Wasser gesammelt von unter dem Himmel weg an ei-nem Ort, so daß das Trockene sichtbar ist!» ‹Und dementsprechend geschah es:› ‹die Wasser wurden gesammelt unter dem Himmel weg an ihren Sammelplätzen (?), so daß das Trok-kene sichtbar ward›; (1,10) und Gott nannte das Trockene Erde, während er die An-sammlung der Wasser Meer nannte; und Gott sah, daß es gut war.*
(1,11) *Und Gott sprach: »Es lasse die Erde Grün grünen: Kraut, das Samen bildet, ‹nach seinen Arten› und ‹Fruchtbäume, die Früchte bringen, nach ihren Arten, in denen ihr Sa-me ist, auf der Erde!» Und dementsprechend geschah es: (1,12) die Erde brachte Grün hervor: Kraut, das Samen bildet, nach seinen Arten und Bäume, die Früchte bringen, in denen ihr Same ist, nach ihren Arten: und Gott sah, daß es gut war.*

(1,13) *Und es wurde Abend, und es wurde Morgen, der dritte Tag.*

1,14–19   *Vierter Tag*

> 5. Werk: Sonne, Mond, Sterne

(1,14) *Und Gott sprach: «Es seien Leuchtkörper an der Himmels-feste, um zu scheiden den Tag von der Nacht, und sie sollen dienen als Zeichen, und zwar für festgesetzte Zei-ten, für Tage und Jahre.*
(1,15) *und sie sollen dienen als Leuchtkörper an der Himmelsfeste, um auf die Erde zu leuchten!» Und dementsprechend geschah es:*
(1,16) *Gott machte die beiden großen Leuchtkörper, den größeren Leuchtkörper zur Herrschaft über den Tag und den kleineren Leuchtkörper zur Herrschaft über die Nacht, und die Sterne: (1,17) und Gott setzte sie an die Himmelsfeste, um auf die Nacht um zu scheiden das Licht von der Finsternis; und Gott sah, daß es gut war.*
(1,19) *Und es wurde Abend, und es wurde Morgen, der vierte Tag.*

1,20–23   *Fünfter Tag*

> 6. Werk: Wassertiere, Lufttiere

(1,20) *Und Gott sprach: «Es sollen wimmeln die Wasser an Gewimmel, lebendigen We-sen, während Fluggetier fliegen soll über der Erde an der Vorderseite der Himmelsfeste!» Und dementsprechend geschah es: (1,21) Gott schuf die großen Seeungeheuer und jedes sich regende Lebewesen, von denen das Wasser wimmelt, nach seinen Arten und alles geflügelte Fluggetier nach seinen Arten; und Gott sah, daß es gut war, (1,22) und es segnete sie Gott mit den Worten: «seid fruchtbar und werdet zahlreich und füllt die Was-ser im Meer, während das Fluggetier zahlreich werden soll im Bereich der Erde!»*
(1,23) *Und es wurde Abend, und es wurde Morgen, der fünfte Tag.*

1,24–31   *Sechster Tag*

> 7. Werk: Landtiere

> 8. Werk: Menschen

(1,24) *Und Gott sprach: «Es bringe die Erde hervor Lebewesen nach seinen Arten: Vieh und Kriechgetier und Wildgetier der Erde nach seinen Arten!» Und dementsprechend ge-schah es:*
(1,25) *Gott machte das Wildgetier der Erde nach seinen Arten und das Vieh nach seinen Arten und al-les Kriechgetier des Erdbodens nach seinen Arten: und Gott sah, daß es gut war.*
(1,26) *Und Gott sprach: »Laßt uns Menschen machen als unser Bild, zu unserem Abbild, so daß sie herrschen über die Fische des Meeres und über die Vögel des Himmels und über das Vieh und über alles Wildgetier der Erde und unterwerft sie und auf der Erde kriecht!» (1,27) Und Gott schuf den Menschen als sein Bild: als Bild Gottes schuf er ihn, Mann und Frau (so) schuf er sie: (1,28) und es segnete sie Gott, und es sprach zu ihnen Gott: «seid fruchtbar und füllt die Erde und unterwerft sie und herrscht über die Fische des Meeres und über die Vögel des Himmels und über jedes Tier, das sich auf der Erde regt!»: (1,29) und Gott sprach: »Siehe, ich gebe euch alles Samen spendende Kraut, das auf der Oberfläche der ganzen Erde ist, und alle Bäume, an denen Samen spendende Baumfrüchte sind – euch soll es zur Nahrung dienen, (1,30) und allem Wildgetier der Erde und allen Vögeln des Himmels und allem, was auf der Erde kriecht, was Lebendigkeit in sich hat, ‹gebe ich› alles Blattwerk des Krautes zur Nahrung!» Und dementsprechend geschah es. (1,31) Und Gott sah an alles, was er gemacht hatte, und sie-he, es war sehr gut. Und es wurde Abend, und es wurde Morgen, der sechste Tag.*

2.1	*Teilunterschrift (Abschluß der Schöpfungsarbeit)*	(2,1) *So wurden zum Abschluß gebracht Himmel und Erde und all ihr Dienst.*
2,2–3	*Siebter Tag Ruhe Gottes als Abschluß der Schöpfung*	(2,2) *Und Gott bracht am siebten Tage seine Arbeit, die er getan hatte, zum Abschluß, in-dem er am siebten Tag ruhte von all seiner Arbeit, die er getan hatte. (2,3) Und Gott seg-nete den siebten Tag, indem er ihn heiligte: denn an ihm ruhte er von all seiner Arbeit, die Gott geschaffen hatte durch sein Tun.*
2,4a	UNTERSCHRIFT	(2,4a) *Dies ist die Entstehungsgeschichte von Himmel und Erde, als sie geschaffen wur-den.*

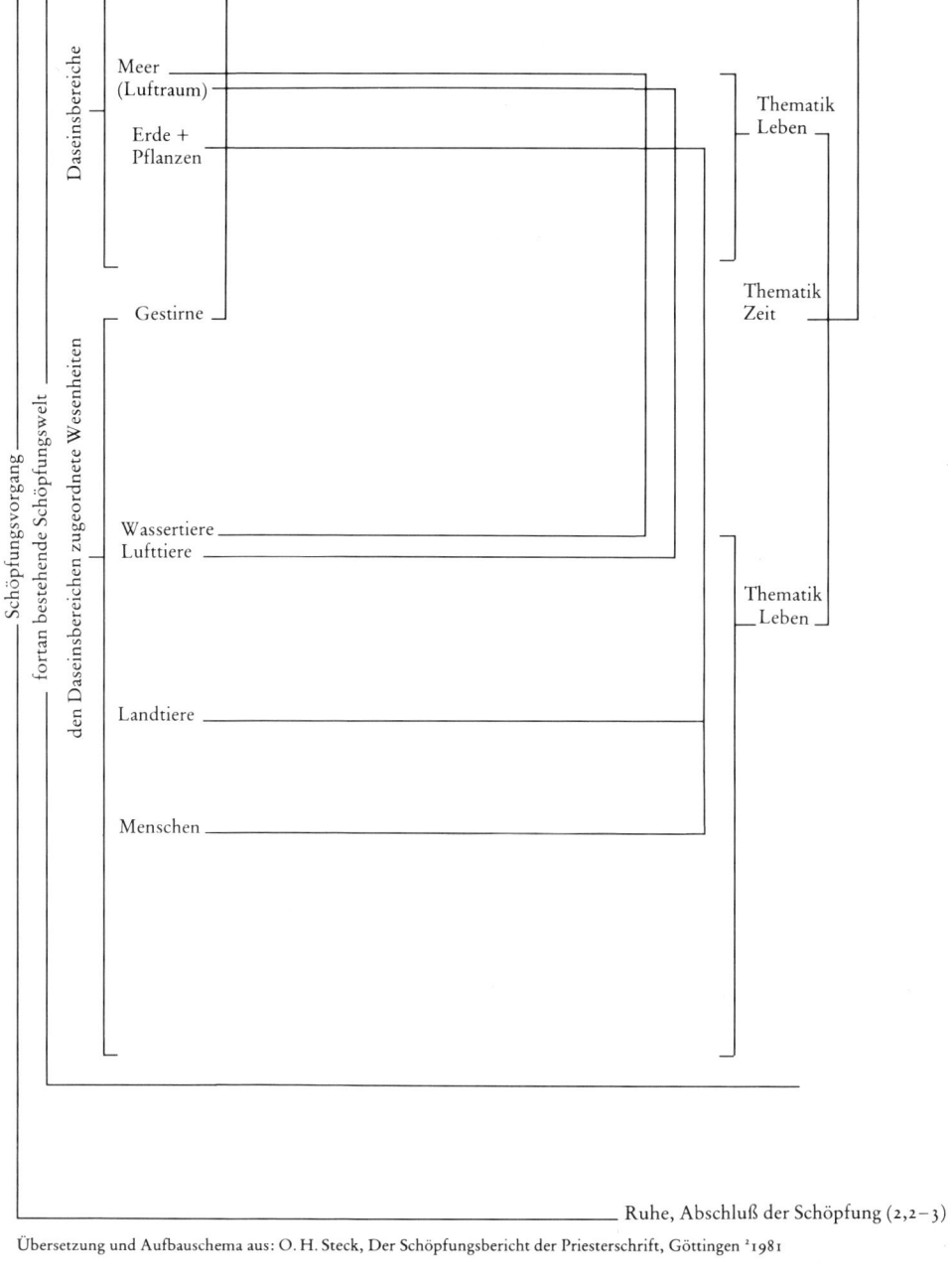

Übersetzung und Aufbauschema aus: O. H. Steck, Der Schöpfungsbericht der Priesterschrift, Göttingen ²1981

Betrachtet man diesen Schöpfungsbericht genauer, so zeigt sich am Text sehr schnell, daß er nicht von modernen, naturgeschichtlichen Fragen bestimmt ist, sondern von der Frage nach der Ordnung dieser Welt. Deswegen werden zunächst Daseinsräume erschaffen und dann abschließend mit zugeordneten Wesen ausgestattet. Und zwar unter zwei thematischen Aspekten.

Der eine ist der *Aspekt «Zeit»*. P ist in ihrem Schöpfungsbericht wichtig, daß die Welt nicht nur in der Zeit, in den sechs Schöpfungstagen erschaffen ist, sondern auch mit Zeit und auf den Fortbestand von Zeit hin; das Weltgeschehen im ganzen ist ein genau fixierbarer Ablauf in der Zeit, der auch innerhalb des Jahresablaufes präzise bestimmt werden kann. Entsprechend hebt P in ihrer Weltsicht hervor, daß die Bedingungen der Möglichkeit von Zeitbestimmung erschaffen worden sind. Es ist dies zunächst der Daseinsraum *Himmel* (V. 6–8). Dieser Daseinsraum Himmel ist erschaffen für die ihm zugehörenden *Gestirne* mit ihrer zeitbestimmenden Funktion (V. 14–18).

Der andere Ordnungsaspekt ist der schon erwähnte *Aspekt «Leben»*. Unter ihm erfaßt P die Welt in ihrem allzeit verläßlichen Bestand als *natürliche Welt*. Diese natürliche Welt zerlegt sich P unter dem Leitaspekt Leben einerseits in verschiedene Räume, andererseits in Lebewesen, die diesen Räumen zugeordnet sind. Die Räume sieht P als Lebensräume mit lebensgünstiger Ausstattung, an den Lebewesen hebt P die Tatsache hervor, daß sie am Leben sind und daß sie in alle Folgezeit auf Dauer fortbestehen können. So sieht P nach der wichtigen Abgrenzung oberer Wasser durch den für die Gestirne bereiteten Himmel nunmehr in 1,9–12 die Lebensräume *Meer, Luftraum, Erde mit Pflanzen*, letztere genauer differenziert in nicht holzbildende und holzbildende. Darauf bezogen nennt P in genauer Entsprechung dazu die jeweils zugehörigen Lebewesen: im Bezug auf das Meer die *Wassertiere* von den großen bis zu den Schwärmen der kleinen und im Bezug auf den Luftraum die Arten *geflügelten Fluggetiers* (1,20–22). Es folgen im Bezug auf den Lebensraum Erde die *Landtiere*, und zwar differenziert in *Haustiere, Kriechgetier und wilde Tiere*, und die *Menschen, Männer und Frauen* (1,24–28). Wenn P in dieser Weise die natürliche Welt in Schöpfungsperspektive wahrnimmt und den Blick auf Weltbereiche als Lebensräume, auf Lebewesen hinsichtlich ihrer Lebensvergabe und ihres Fortbestandes auf Dauer konzentriert, werden ganz grundlegende Züge der Erfahrungswelt hervorgehoben und gewiß auch genaues, naturkundlich-klassifizierendes Wissen der Zeit eingebracht: verschiedene Pflanzenarten mit unterschiedlicher Samenbildung (1,11f.), Flugtiere, die Luftraum und Erde als Umwelt haben (1,20.22), Differenzierung der Landtiere nach Domestikation und Lebensweise (1,24f.). Auch der Aspekt, daß Pflanzen- und Tiergruppen «entsprechend ihren Arten» erschaffen wurden, zeigt an, daß alle konkreten Differenzierungen der Tiergruppen vor Augen eingeschlossen sind, und zwar jede Art von Anfang an gesondert für sich ohne Querbeziehungen zu anderen Arten. Daß sich Arten auseinander entwikkelt haben könnten, daß Haustiere domestizierte Wildtiere sind, daß Arten untergehen und aussterben, sieht P nicht; allein die Pflanzen- und Lebenswelt, wie sie P vor Augen hat, wird in ihrem jetzigen (!) Bestand klassifiziert und ihre Ordnung seit jeher in der Schöpfung begründet.

Doch sieht P in diesem Bereich der natürlichen Welt von vornherein ein Problem: das Verhältnis von Tieren und Menschen. Es stellt sich ihr grundsätzlich; deshalb wird es in Gen 1 da aufgegriffen, wo die Stellung des Menschen bestimmt wird (1,26–28). Dieses Problem drängt sich P im besonderen im Blick auf das Zusammenleben von Landtieren und Menschen in dem gemeinsamen Lebensraum Erde auf. Daß die Landtiere im Unterschied zu den Wasser- und Flugtieren (1,22) zu Mehrung und Ausbreitung keinen Segen erhalten, der auf der Erde vielmehr den Menschen vorbehalten ist (1,28), spiegelt dieses Problem ebenso wie die Nahrungszuweisung in 1,29–30, die aus diesem Grunde Pflanzennahrung für den Menschen und für die Tiere auf der Erde – die wilden Tiere, Kriechtiere und Vögel (die Haustiere fehlen, weil sie dem Menschen definitionsgemäß ohnehin keine Gefahr sind) – vorsieht. Für die Weltordnung, wie sie P aufzeigt, ist diese Lebensregelung im Verhältnis von Tier und Mensch wesentlich und wird im Fortgang der Urgeschichte angesichts des Phänomens der Gewalt, wie wir gesehen haben, weiter bedacht. Es zeigt sich wieder: die biogenetisch-evolutionäre Frage nach dem Werdegang der verschiedenen Gestaltungen des Lebendigen kennt P nicht, es interessiert sie aber auch nicht. Ihr Problem ist der Lebensbestand des Lebendigen vor Augen seit jeher, also die Zuordnung von Lebewesenarten zu Lebensräumen und das Phänomen ihres Fortbestandes sowie die Ordnung des lebensdienlichen Zusammenlebens alles Lebendigen einschließlich des Menschen! In diesem Rahmen steht für die P die Herkunft des Menschen.

Theologische Zielsetzungen in der Wahrnehmung der Welt

Bis hierher will es scheinen, als käme es P bei ihrem Schöpfungsbericht allein auf die Tiefenschau der natürlichen Welt vor Augen an, die deren vorgegebene Einrichtung und Ordnung der Lebensgrundlagen sichtbar macht. Aber P denkt noch weiter und bringt das Ergebnis solcher Einsichten gleichfalls in ihrer Urgeschichte unter. Warum? P schreibt ihre Schrift, wie wir sahen, für Israel in der Krise der Exilszeit, und die Grundordnungen für dieses Israel füllen den größten Raum ihrer Darstellung aus. Diesem angefochtenen Israel will P zeigen, daß die Einrichtungen und Ordnungen Gottes für das Gottesvolk den Einrichtungen und Ordnungen für die natürliche Lebens- und Menschenwelt *entsprechen*, daß also in beiden Bereichen *derselbe Gott entsprechend handelt*. Waltet aber in beiden Bereichen solcherart Identität Gottes, dann ist auch die Identität Israels gesichert und kann aus dem Weltbereich nicht gefährdet werden. Um diese Entsprechung des Gotteshandelns im Israel- und im Weltbereich aufzuzeigen, eben deshalb ist das Schöpferwirken Gottes in den Zeitraum einer Woche von sieben Tagen gefaßt, ermöglicht durch die Erschaffung von Tag und Nacht als erstes Werk (1,3–5), weil damit auch das Handeln Gottes selbst der Israel gegebenen Sabbatordnung und ihrem Wechsel von Arbeit und Ruhe entspricht. Deshalb ist Schöpfung in diesem biblischen Text nicht ein kontinuierliches, auch in der Gegenwart aktuell vollzogenes Wirken Gottes, sondern streng auf die sieben Schöpfungstage beschränkt, weil P auch sonst Welt und Israel unter sinnstiftenden Ordnungen sieht, die zwischen Schöpfung und Mose einmal für allemal gültig und fortan wirksam errichtet wurden. Deshalb aber auch die Differenzierung der Pflanzen, der Tiere, weil sie in dieser Ordnung den später erlassenen Ordnungen der Opfer- und Reinheitsgesetze für Israel entsprechen. Deshalb schließlich aber auch die Zuspitzung der Weltperspektive auf die Aspekte «Zeit» und «Leben». Denn berechenbare Zeit ist P wesentlich für ihr ausgeführtes chronologisches System mit seinen Sinngehalten sowie für die kultischen Festzeiten Israels, und die Thematik «Leben» entspricht hinsichtlich Lebensraum der Landverheißung, hinsichtlich des Lebendigen und seiner Mehrung der Volksverheißung für Israel. Hier wird also nicht aus «Naturordnungen» alles weitere abgeleitet, sondern P sieht, um die Identität Gottes und die Identität Israels auszudrücken, umgekehrt schon das Schöpfungsgeschehen transparent für die später erlassenen, heilsgeschichtlichen Setzungen.

Natürlich ist P überzeugt, daß das von ihr übermittelte Bild der Weltschöpfung auch als Erschaffung prototypischer Werke und auch in einem Ablauf von sieben wirklichen Tagen ohne Ausflucht in bloß übertragenen Sinn der reale Ablauf war. Aber die eben zusammengestellten Beobachtungen zu den Gestaltungsintentionen von P zeigen doch, daß P mit ihrer Fassung der Weltschöpfung mitnichten einfach das Ergebnis naturkundlicher Untersuchungen wiedergeben will, dem sich entsprechende naturwissenschaftliche Forschungen der Moderne über die Anfänge und Werdeprozesse von Kosmos und Leben in ihrer Überlegenheit bequem entgegenhalten ließen. P verfolgt mit ihrer Gestaltung naturwissenschaftliches Fragen weit übergreifende Probleme und Perspektiven, die sich an der Kontinuität von Grundordnungen in verschiedenen Bereichen und an der Evidenz der Identität Gottes orientieren.

Gleichwohl ist die priesterschriftliche Sicht der Weltentstehung nicht nur Mittel zum Zweck der Begründung von Ordnungen in Israel. Die Urgeschichte von P ist eine eigengewichtige Sicht von Welt und Menschheit mit eigener, aber eben für Israel transparenter Ordnung. In diesem Eigengewicht müssen wir sie nun näher betrachten.

Die Perspektive der natürlichen Welt

Damit, daß P überhaupt die natürliche Welt als Schöpfungswirken Gottes sieht, gibt sie unbeschadet ihrer eigentümlichen Akzentuierungen einer bestimmten *Grunderfahrung* Ausdruck. Der Grunderfahrung, daß Lebendiges sein Am-Leben-Sein und die elementare Grundausstattung mit Lebensraum zum Lebensvollzug nie sich selbst zuschreibt, sondern als Gabe wahrnimmt, die ihm immer schon vor- und mitgegeben ist; P bezieht in diese Grunderfahrung, wie wir sahen, auch die Gabe von Zeit und Zeitrechnung ein. P durchschaut also die Erfahrung ihrer vorfindlichen Welt mit allem, was sie zeigt, bis auf den Grund, wo ein stetiges, lebenskonstitutiv-grundlegendes, aber aller menschlichen Verfügung und Machbarkeit entzogenes Gabe-Geschehen zum Vorschein kommt. Ein Geschehen, das aller Selbstreproduktion des Lebendigen zugrundeliegt, den Menschen und andere Lebewesen um ihn immer wieder zum Leben kommen läßt und stetig mit einem lebensgünstigen Lebensraum ausstattet.

So sehr P naturkundliche Kenntnisse ihrer Zeit in diesen Schöpfungsbericht einbringt, so wenig bleibt sie doch bei einer bloßen Beschreibung des elementar-geordneten Zusammenhanges der Lebewesen mit ihren elementaren Daseinsbedingungen, ihren jeweiligen Strukturen und Faktoren stehen. Ihr ist in dieser Hinsicht das Wichtigste das Wunder des stetig-unverfügbaren Ereigniswerdens und Bestandes des Lebendigen und seiner unabdingbaren Lebensausstattung. Um diese Tiefe gegenwärtiger Welterfahrung in ihrer Stetigkeit, solange und wo immer Lebendiges am Leben ist, aufzunehmen, redet P deshalb vom *Schöpferwirken Gottes* und sieht die in der Erfahrung begegnende, natürliche Lebenswelt begründet in Wille, Macht, Verfügung, Setzung, die allem Leben und aller Geschichte vorgegeben ist und in ihr immergültig wirksam bleibt.

Der besondere Realitätssektor, auf den sich naturwissenschaftliche Hypothesenbildung und Erkenntnis bezüglich kosmogonischer Abläufe und biologischer Evolutions- und Selektionsprozesse in Zeiträumen von Jahrmillionen richtet, liegt als solcher weder in der Möglichkeit noch im Interesse von P. P sucht demgegenüber qualitativ weit umfassender und erfahrungsbezogen-ganzheitlich in ihrem Schöpfungsbericht den elementaren Grund und sinn- und werthaften Vorgabecharakter der eigenen wie aller Lebenswelt auf. Gemäß dieser Rückschau (!) von der gegebenen, gegenwärtigen Lebenswelt, wie sie seit Menschengedenken ist, auf ihre vorgegebenen Ermöglichungen und Ordnungen muß P von der Erschaffung sogleich aller Pflanzen und aller Tiere, wie man sie jetzt und seit jeher kennt, ohne alle entwicklungsgeschichtliche Differenzierung in dem einen Schöpfungsgeschehen am Anfang reden. Und hier gilt: Die Differenz von Gen 1 zu unserem naturwissenschaftlichen, kosmo- und biogenetischen Erkenntnisstand ist nicht lediglich eine des Wissens; es ist nicht minder eine Differenz von Ansatz und Perspektive in der Wahrnehmung der natürlichen Welt.

Gemäß ihrer Schöpfungsperspektive spricht P unter ausschließlicher Hervorhebung der souveränen Schöpfermacht göttlichen Handelns, die weder vor (Gen 1,2) noch bei der Erschaffung auf irgendwelche Gegenkraft chaotischer Mächte trifft, von der Erschaffung einer ganz und gar natürlichen Welt in ihren grundlegenden, Zeit und Leben gewährleistenden Erscheinungen. Zunächst ist die Vorgabe getrennter kosmologischer Räume genannt: der Himmel, der obere Wasser zurückhält und Daseinsbereich für die Gestirne ist, das Meer, der Luftraum, die mit Vegetation ausgestattete Erde – jeweils für zugeordnete Lebewesen. Ist schon die Erschaffung der Vegetation so berichtet, daß das Wunder ihrer stetigen Wiederkehr in Aufsprossen und Begrünung mit der auf Dauer zielenden Anordnung Gottes bei der Schöpfung begründet wird (1,11f.), so erst recht die Erschaffung der Lebewesen. Ihre Lebenskraft zu stetigem Fortbestand und Vermehrung auf Dauer hin gründet bei den Wassertieren und Flugtieren (1,22) und beim Menschen (1,28) in andauernder Kraftzuwendung durch ein Segenswort Gottes bei der Schöpfung, bei den Landtieren aus schon genanntem Grunde in einer entsprechenden Anordnung an die Kräfte der Erde (1,24).

P erträumt dabei kein Idealbild der natürlichen Lebenswelt, das faktisch Realität verkürzen würde; sie will vorgegebene, gute, vollziehbare Ordnung zeigen. Deshalb begnügt sie sich nicht mit dem Aufweis, daß die stabilen Lebensräume und die Lebewesen in ihrem Dasein und Fortbestand in der Schöpfung gründen und alles einfach schiedlich nebeneinander existiert. Wir sahen schon, daß P vielmehr auch das Problem der Beziehungen des Lebendigen zueinander von vornherein mitbedenkt, genauer: das Problem der Beziehung zwischen Menschen und Tieren. Diese Beziehung floriert nicht in naturwüchsig-illusionärer Selbstverständlichkeit, sie wird auch nicht einfach neutral ökosystemaren Binnenfaktoren überlassen: Sie bedarf als sinnhafte Lebensbeziehung der Gestaltung und Ordnung, und diese lebensdienliche Ordnung sieht P von Gott ebenfalls bereits im Schöpfungsgeschehen gesetzt. Für sie spielt der Mensch eine wesentliche Rolle. Um diese Ordnung wahrzunehmen, müssen wir den berühmten Abschnitt von der Erschaffung des Menschen (1,26–30) im Schöpfungsbericht der Priesterschrift nun genauer betrachten.

Die Stellung des Menschen als «Bild Gottes» und Herrscher der Erde

P formuliert in präzis-definitorischer Genauigkeit folgendermaßen: «(1,26) Und Gott sprach: ‹Laßt uns Menschen machen als unser Bild, zu unserem Abbild, so daß sie herrschen über die Fische des Meeres und über die Vögel des Himmels und über das Vieh und über alles Wildtier der Erde und über alles Kriechgetier, das auf der Erde kriecht!› (1,27) Und Gott schuf den Menschen als sein Bild; als Bild Gottes schuf er ihn, Mann und Frau (so) schuf er sie; (1,28) und es segnete sie Gott, und es sprach zu ihnen Gott: ‹Seid fruchtbar und werdet zahlreich und füllt die Erde und unterwerft sie und herrscht über die Fische des Meeres und über die Vögel des Himmels und über jedes Tier, das sich auf der Erde regt!›»

Vergleicht man diesen Abschnitt mit der Erschaffung der Tiere (1,20–25), so fällt auf: P beschränkt sich hier nicht wie bei den anderen Lebewesen darauf, das Wunder des Daseins menschlichen Lebens von Männern und Frauen in ihrer Erschaffung zu begründen (1,27). P setzt vielmehr in Entschluß (1,26) und Ausführung (1,27) von vornherein eine Bestimmung hinzu, die für Menschen fortan für alle Zeit (vgl. noch 5,1.3;9,6) gilt: Menschen werden «als Bild Gottes» erschaffen. Dieser Begriff will nicht besagen, daß der Mensch wie Gott aussieht oder ihm ähnlich ist; er hat vielmehr titularen Sinn und bezeichnet ein Funktionsverhältnis zwischen Gott und Mensch. Welches? Da Gott für P sein Schöpferwirken am siebten Schöpfungstag abgeschlossen hat, setzt er für alle Folgezeit im Bereich von Erde und Meer – der Luftraum erscheint dem Menschen damals noch entzogen – den Menschen als Repräsentanten Gottes, eben als «Bild Gottes», ein, und zwar für alles Lebendige neben dem Menschen zur Herrschaft über die Tiere (1,26.28). Mit «Bild Gottes» ist also die zentrale Stellung des Menschen im Gefüge der Schöpfungswelt bezeichnet, die er für den Dauerbestand alles Lebendigen hat. Dieser Dauerbestand ist, wie wir sahen, für die einzelnen Lebewesen je für sich bei ihrer Erschaffung geregelt. Hinsichtlich des Zusammenlebens alles Lebendigen aber soll das Dasein des Menschen als Herrscher die grundlegende Regelung gewährleisten. V. 28 unterstreicht dies: Dem Menschen ist nicht nur die Kraft der Mehrung und nur ihm die «Füllung» der Erde zugewiesen, sondern aus der Segnung Gottes bei der Schöpfung nicht minder Kraft und Gelingen in der Unterwerfung der Erde und der Herrschaft über die Tiere.

Das Problem, das P hier nun geregelt sieht, ist, wir sagten es schon, das künftige Zusammenleben des Lebendigen in der jetzt erstellten Schöpfungswelt. Genauer: Das Zusammenleben des Menschen mit den anderen Lebewesen. Dieses Problem stellt sich für P eben deshalb so brisant, weil der Schöpfer selbst nach Abschluß des Schöpfungswirkens auch diesbezüglich nicht mehr ständig gestaltend eingreift. Der Schöpfer braucht also einen Statthalter auf Erden, der hier in seinem Sinne, d. h. im Sinne der von Gott erstellten Schöpfungswelt, wirkt. Wirken heißt aber im Sinne von P auch hier: im Zusammenleben der Lebewesen stetig Ordnung stiften und vollziehen. Ordnung ist für P hier wie sonst jedoch nicht ein fremdbestimmendes, lebensminderndes oder gar knechtendes Reglement, sondern der Rahmen, in dem Eigenleben zu seinem wie zum Wohle und Bestand der Gesamtheit entfaltet,

aber auch begrenzt wird. P stellt sich den Vorstellungen ihrer Zeit entsprechend die Wahrung dieses Rahmens selbstredend nicht als einen
Vorgang vor, für den die zu ordnende Gesamtheit selbst zuständig ist,
sondern als ein herrscherliches Gegenüber, in dem einer, Gott, diesen
Rahmen zugunsten der Gesamtheit errichtet, und einer, der Mensch,
diesen Rahmen zugunsten der Gemeinschaft stetig aufrechterhält.

Wir hören solche Aussagen aufgrund unserer Erfahrungen mit anderen Ohren. Aber im Sinne von P kann es gar keine Frage sein, daß
dieses Herrscheramt über die Tierwelt für beide Seiten ganz ausschließlich positiv verstanden ist. Für P handelt es sich um eine Bestimmung, die für den gelungenen Fortbestand der Schöpfungswelt notwendig ist; dementsprechend ist sie voll in die göttliche Gesamtbilli-
gung der Schöpfungswelt eingeschlossen, wonach diese Schöpfungswelt «sehr gut» war (1,31). Es ist eine Bestimmung, die keineswegs den
Menschen zu einer von Gott gelösten, autonomen, autokratischen
Verfügung über die Tierwelt für selbsterwählte Zwecke ermächtigt;
der Mensch waltet nach P in diesem Herrscheramt als Bild *Gottes*,
d. h. als *Gottes* Sachwalter innerhalb der Lebenswelt, wie sie Gott auf
Dauerbestand hin erschaffen hat. Der Mensch ist für P unter anderen
Geschöpfen innerhalb der einen Schöpfungswelt dasjenige Wesen, das
die angeordneten Setzungen Gottes kennt und um seine Bestimmung
weiß – man beachte, daß unter allen Lebewesen allein der Mensch in
1,28ff. und dann in P vielfach von Gott angeredet wird und damit als
das Gott hörende und deshalb von ihm wissende Lebewesen; gerade
deshalb kann und muß er und nur er Sachwalter Gottes für das Ganze
der Schöpfungswelt sein. Wie der Mensch selbst in seiner Lebendigkeit
und seinem Lebensvollzug der natürlichen Schöpfungswelt angehört,
so äußert sich seine Statthalterschaft für Gott gerade darin, daß er Lebensrecht und Lebensdienlichkeit der natürlichen Welt im ganzen, also auch für das Lebendige neben ihm, zu wahren hat. Noahs Lebenserhaltung der sintflutgefährdeten Tierwelt ist für P gewiß eine bezeich-
nende Veranschaulichung dieser Aufgabe (6,19.20). Das heißt grundsätzlich bedacht: Mensch und Natur haben für P von der Schöpfung
eine gemeinsame Geschichte und Zukunft und die Sonderstellung des
Menschen bedeutet kein autokratisches Gegenüber, sondern die tätige
Verantwortung des Repräsentanten Gottes für die lebensorientierte
Ganzheit der natürlichen Schöpfungswelt. Den im Schöpfungsgeschehen (!) von Gott gesetzten, dauerhaften Fortbestand der Schöpfungswelt im ganzen zugunsten allen geschaffenen Lebens zu gewährleisten,

dies ist die Funktion der *Herrscheraufgabe des Menschen*! In dieser Hinsicht ist für P die ganze Schöpfungswelt auf den Menschen hingeordnet und auf ihn ausgerichtet als den Garanten der lebenskontinuierlichen Ordnung des Ganzen. Aber es kann keine Rede davon sein, daß nach P die Welt, die Tiere um des Menschen willen oder gar für seine autonome Weltverwertung geschaffen wären, und die Metapher «Krone der Schöpfung» ist eher eine Verschleierung genauer Bestimmungen, die P für den Menschen bezeugt. Wenn man schon eine Formel finden will, dann wäre im Sinne von P zu sagen: Die Welt ist von Gott um allen Lebens willen geschaffen!

Besonderer Beachtung bedarf die Aussage von der *Unterwerfung der Erde* in 1,28. P bedenkt auch diese Beziehung des Menschen zur Erde als zu einem Bestandteil der Schöpfungswelt und sieht sie als Gegenstand ausdrücklicher Regelung und Ordnung. Sie gehört nicht in den Rahmen der Herrscheraufgabe des Bildes Gottes, die sich auf Lebendes, auf die Tiere richtet. Wohl aber bedarf der Mensch wie dort so hier der göttlichen Befähigung und des Gelingens in seiner Beziehung zur Erde, weswegen die Aussage ja innerhalb der Segnung des Menschen steht.

Was hat P mit diesem «*dominium terrae*», der Herrschaft des Menschen über die Erde, im Auge? Objekt ist die Erde, also kein Lebewesen, und die Konkretion der Handlung zeigt der Zusammenhang: Unterwerfung und Dienstbarmachen der Erde, zu der der Mensch ermächtigt und befähigt wird, hat die anschließend in V. 29 angesprochene Bodenbearbeitung des Menschen zur Gewinnung seiner Nahrung aus Saat und Pflanzung von Nutzpflanzen im Blick! Es ist also die über die Erde verfügende Bearbeitung des Bodens, seine Nutzung zum Pflanzenanbau, zu der der Mensch hier auf der ganzen Erde ermächtigt und mit Gelingen befähigt wird. Diese Aufgabe, die Erde zu unterwerfen, steht im Rahmen einer Segenszusage und ist im Sinne von P eine notwendig und uneingeschränkt positiv gewertete Regelung. Um der Notwendigkeit menschlicher Lebensversorgung willen wird hier für die Beziehung Mensch – Erde vom Schöpfer geklärt, wer zu verfügen und wer dienstbar zu sein hat. Daß die Möglichkeiten einer Ausbeutung der Erde bis an die Erschöpfung ihrer Ressourcen, einer Vergiftung und Zerstörung irdischer Lebensräume durch einen autokratischen Menschen für P nicht einmal in der Fluchtlinie dieser Ermächtigung liegt, ergibt sich aus ihren innerhalb von Gen 1 gezogenen Grenzen: Die Unterwerfung der Erde erfolgt nur zur Nahrungsversorgung von Menschen mit Nutzpflanzen, neben der ein voll genügender Vegetationsbestand an Wildpflanzen zur Ernährung der Wildtiere, Vögel und Kriechtiere auf Dauer vorausgesetzt ist (1,30). So ist auch das dominium terrae für P eingebettet und faktisch begrenzt von der Schöpfungsqualität der Welt, die auch im Blick auf die Ernährung des Lebendigen im Ausschluß der Tötung wie in der Nutzung der Erde und ihrer Vegetation in allseitiger (!) Lebensdienlichkeit besteht.

Auf den Fortbestand dieser Schöpfungsqualität der Welt auch nach dem göttlichen Sechstagewerk kommt P in Gen 1 alles an. Ihretwegen gibt es für P keine unmittelbaren und gleichsam naturwüchsig sich selbst überlassenen Beziehungen der Schöpfungswerke aufeinander. Die Querverbindungen zwischen Lebewesen und ihren Lebensräumen, zwischen Tieren und ihrer Nahrung, zwischen Mensch und Tier, zwischen Mensch und Erde gehen als lebensrelevante Vorgänge sämtlich über Gott und bedürfen ausdrücklicher Regelung und Ermächtigung durch Tun und Wort dessen, der das Ganze der Schöpfungswelt als Ganzes zum Leben erschaffen hat.

Wie der Fortgang der priesterlichen Urgeschichte zeigt, den wir hier nur noch andeuten können, wird selbst «das Böse», das sich in der Welt findet und zur Sintflut führt, von Gott durch Abänderung und Erweiterung der ursprünglichen Schöpfungsordnungen fortan eingegrenzt und gebändigt – im Noahsegen.

Was ist dieses «Böse» für P? Nicht eine Eigenschaft des Menschen, sondern ein objektiver Tatbestand, der dem Qualitätsaspekt «Leben» in der Schöpfungswelt negativ entspricht: die Gewalttat, wie sie bei Tieren und Menschen trotz der Schöpfungsregelungen eingerissen ist, also willkürliches Töten, brutaler Lebensentzug. Aber trotz dieser bleibenden Einbuße soll die Schöpfung auch weiterhin ein andauerndes Lebensgeschehen bleiben. Dies sichern die neuen Bestimmungen in 9,1–6: das Töten von Tieren, aber nur zu Nahrungszwecken (!), wird dem Menschen erlaubt, aber jeder tierische oder menschliche Mörder eines Menschenlebens muß getötet werden.

Rückblick

Mit diesem Noahsegen, dem anschließenden Noahbund, der die dauerhafte Stabilität und Erhaltung der elementaren Lebenswelt verbürgt, und der berichteten Auswirkung des Segens in der Völkertafel ist die Urgeschichte der Priesterschrift und damit das Welt- und Menschheitsthema abgeschlossen. Was P dabei darstellt, ist nach modernem

Begriff weder eine umfassende Naturgeschichte noch die gesamte Menschengeschichte, sondern es ist der grundlegende Akt, in dem die immer schon vorgegebenen und darum Gott verdankten Grundausstattungen und Grundregelungen erstmals ein für alle Mal errichtet wurden, die in der Gegenwart wie seit jeher gegeben und geordnet sind. Auch jeder Mensch verdankt sich wie alles Lebende diesen vorgegebenen, göttlichen Grundausstattungen und Grundregelungen in der Lebenswelt und so gesehen einer mit allem Lebendigen gemeinsamen Herkunft; er hat aber gegenüber allem Leben die Würde und Verantwortung, für das in der Schöpfung geordnete Zusammenleben der Lebewesen und ihren Lebensbestand als Statthalter, als «Bild Gottes» zu sorgen.

In diesem Kapitel wollten wir den wichtigsten biblischen Schöpfungstext in dem Sinne zeigen, der ihm bei seiner Entstehung mitgegeben worden ist. Die folgenden Kapitel werden nun einzelne Aspekte daraus thematisch weiter entfalten und dazu auch andere biblische Schöpfungstexte einbeziehen.

Folgende biblischen Aspekte der Herkunft des Menschen – das sei hier vorblickend zusammengestellt – sind zu bedenken. Die Herkunft des Menschen ist aus der Geschichte zu bestimmen – aber in einer besonderen Perspektive (Kapitel 3: Naturgeschichte und Urgeschichte); sie wird in einem Anfang verankert – aber in dem Anfang des Bleibenden und so fortan Gültigen (Kapitel 4: Die biblische Sicht des Anfangs). Die Herkunft des Menschen hat mit allzeit gegenwärtiger Erfahrung zu tun – mit der je aktuellen Selbsterfahrung von Wert und Wunder seines Lebens (Kapitel 5: Die Vorgabe des Lebens als Grunderfahrung), das sich als unverfügbare Gabe zeigt und Gott den Schöpfer des Lebens wirksam sieht (Kapitel 6: Gott der Schöpfer als Spender des Lebens). Seine Herkunft bettet den Menschen so gesehen nicht nur in den Kreis alles Lebendigen, sie begründet zugleich seine Sonderstellung und seine Verantwortung in diesem Rahmen in Gegenwart und Zukunft (Kapitel 7: Die Sonderstellung des Menschen und seine Verantwortung). Ein weiterer Aspekt ist das dynamische Feld, in dem diese Schöpfungsverantwortung nach biblischer Sicht steht (Kapitel 8: Der Mensch und das Böse) und ein letzter die Bestätigungen und Veränderungen, die das Kommen Gottes in Jesus Christus hierfür bringt (Kapitel 9: Die Schöpfungsverantwortung des Christen). Am Ende schließlich steht eine Zusammenfassung in Thesenform (Kapitel 10: Bilanz: Bibel und Naturwissenschaft).

3. Naturgeschichte und Urgeschichte

Zwei verschiedene Perspektiven

Unser biblischer Beispieltext, der Schöpfungsbericht der Priesterschrift, den wir im vorangehenden Kapitel betrachtet haben, handelt
nicht nur von der Entstehung von Welt, Pflanzen, Tieren und Menschen, er stellt diese Entstehung auch als Nacheinander mit genauen
Zeitangaben dar. Die Versuchung für den Bibelleser der Moderne ist
deshalb riesengroß, diesen wie andere Schöpfungstexte des Alten Testaments (Gen 2–3; Ps 104; Hiob 38–40) einfach auch naturwissenschaftlich zu lesen, als «Naturgeschichte» des Werdens der Welt, allerdings mit einem sehr anderen Bild und Ergebnis, als es die neuzeitliche
Wissenschaft zeigt.

Wer dieser Versuchung erliegt, stößt auf Widersprüche und muß
mit ihnen fertig werden.

Etwa so. Wo immer wir heute die natürliche Welt und ihre Gegebenheiten sehen – den Planeten Erde im Verbund kosmischer Systeme
des Himmels, die Kontinente auf der Erde im Verhältnis zu den Mee-
ren, die meteorologischen Erscheinungen und die geologischen, die
Entstehung pflanzlichen, tierischen, menschlichen Lebens, stets handelt es sich um komplexe, anonyme Prozesse mit erfragbaren Gesetzmäßigkeiten, deren Dauer mit mehr oder minder hypothetisch bestimmbaren Anfängen nach Jahrmilliarden und Jahrmillionen zählt.
Die Bibel – wie der gesamte Alte Orient – weiß das alles so noch nicht.
Ihre Zeugen kommen über empirische Einzelbeobachtungen und -zu-
ordnungen nicht hinaus, sondern reden statt dessen von Gott, der das
alles «macht», «schafft», «gründet», «befiehlt»; ja die Priesterschrift
geht in Gen 1 sogar soweit, die Dauer dieses Vorgangs mit sechs Tagen,
und zwar ganz normalen Tagen zu 24 Stunden, anzugeben. Spricht die
Bibel deshalb von der Welt als Schöpfung Gottes, weil ihr das naturwissenschaftliche Wissen der Moderne fehlt, weil sie viel rascher an die
Grenzen des hier Erkundbaren gestoßen ist, weil der persönlich han-
delnde Gott als Chiffre für das (noch) nicht Erklärbare, aber doch für
jede Weltorientierung unerläßlich Erklärungsbedürftige und inzwi-

schen längst Erklärte eintreten muß? Die Schöpfungsaussagen der Bibel – nichts anderes als historisch gesehen zwar verständliche, tatsächlich aber doch naive Vorformen neuzeitlicher Naturwissenschaft, die angesichts engerer Grenzen des Wissens viel früher zu Glaubensaussagen geraten müssen?

Oder so – die biblischen Schöpfungsaussagen als Glaubenswahrheiten, die unberührt neben und über allem naturwissenschaftlichen Wissen nur noch für Gläubige als Aussagen über die menschliche Existenz in Geltung sind?

Gemessen an dem, was die biblischen Texte selbst sagen wollen, sind das Verzerrungen. Man verzerrt sie, wenn man unser heutiges Wissen als Vernunft- und die biblischen Schöpfungstexte als *Glaubensaussagen* voneinander trennt; denn auch die Schöpfungsaussagen wollten das zu ihrer Zeit zugängliche, naturkundliche Vernunft- und Erfahrungswissen einbeziehen, wie wir schon an unserem Beispieltext gesehen haben. Man verzerrt die biblischen Texte aber nicht minder, wenn man die Differenz zwischen Schöpfungsperspektive und Naturwissenschaft lediglich im Blick auf das *Ausmaß des naturkundlichen Wissensstandes* diskutiert. Diese Differenz auf der Ebene naturkundlichen Wissens ist unbestreitbar und mit ihm das Urteil, daß in dieser Hinsicht biblisches Naturwissen gegenüber modernem Erkenntnisstand zu einfach, überholt, unzutreffend ist. Das ist von so trivialer Selbstverständlichkeit, daß sich hier billige Überlegenheitsgefühle ebenso erübrigen wie die rührend-ärgerlichen Versuche simpler Bibelverteidigung, Erkenntnisse neuzeitlicher Naturwissenschaft in naturkundlichen Aussagen der Bibel wenigstens präfiguriert sehen zu wollen und die «Lücken» naturwissenschaftlichen Wissens biblisch aufzufüllen, auf daß die Bibel letztendlich auch naturwissenschaftlich doch recht habe. Wer die biblischen Schöpfungsaussagen in dieser Weise verzerrt, handelt gegen Sinn und Meinung der Texte selbst. Er verschleiert, daß die Differenzen zwischen naturwissenschaftlichen Weltaussagen und Schöpfungsaussagen weit tiefer gehen. Denn: Nicht die Einsichten bei gleicher Fragestellung sind verschieden, sondern schon der Ansatzpunkt und die Perspektive; wer anders steht, nimmt auch anderes wahr.

Naturbegriff und Schöpfungsperspektive

Bereits unser gängiger Begriff «Natur» steht in Differenz zu der Wirklichkeitsperspektive, die die biblischen Schöpfungsaussagen kennzeichnet. Wenn die biblischen Zeugen in den Schöpfungsaussagen durch die Erscheinungen der politisch-sozialen Welt hindurchstoßen zur Totale der elementaren Lebenswelt, dann treffen sie nicht lediglich auf ein merkwürdig neutrales, in sich geschlossenes Erkenntnisobjekt «Natur» mit eigenen naturgeschichtlichen Abläufen und inhärenten Gesetzmäßigkeiten. Und sie treffen nicht auf den Menschen als Subjekt daneben und außerhalb, das dieser «Natur» verfügend, erkennend, analysierend, verändernd, machend, verwertend gegenübersteht. Nicht auf den Menschen neben der Natur, der sie in ungezählte Teilfelder menschlichen Fragens und Gestaltens zerlegt und sie dem Zweck der Weltverwertung für selbstgesetzte Erkenntnis- und Handlungsziele des Menschen unterwirft zum Aufbau seiner scheinbar allererst lebenswerten Menschenwelt. Wenn der Mensch in biblischer Zeit – wie weithin auch im Alten Orient – die natürliche Welt wahrnimmt, sieht er im Gegenteil gerade nicht von sich ab und erforscht mit seinen Fragestellungen nicht ein Objekt, das er sich gegenübergestellt hat. Vielmehr fängt er gleichsam bei sich selber an, bei seinem eigenen Am-Leben-Sein, bei seiner Ausstattung mit konstitutiven Daseinsbedingungen, sieht im Festhalten dieses Ausgangspunktes anderes, in gleicher Weise ausgestattetes Lebendige, Menschen und Tiere, neben sich, und bezieht alles Lebendige vor ihm und nach ihm in diese elementare Selbsterfahrung des Lebens mit ein. Sein Ausgangspunkt angesichts der natürlichen Welt ist deshalb die Urfrage nach dem Grund dafür, daß er wie alles Lebendige am Leben ist! Diese Frage nach dem Grund ist nicht die neutral-analysierende nach den notwendigen Bedingungen und Ursachen dafür, daß Leben am Leben sein *kann*, sondern die höchst wertgeprägte, worin es gründet, daß mir und allem Lebendigen das elementare Glück und Wunder *widerfährt*, am Leben zu *sein*! Hier ist diese elementarste aller Erfahrungen also nicht wie heute das so selbstverständlich Vorhandene, daß es übergangen werden könnte, sondern das schlechthin Wesentliche, das als Grundfrage bewegt!

Die Weltinnenperspektive der Schöpfungsaussagen

Dies ist ein anderer Ausgangspunkt als der naturwissenschaftliche mit seiner Frage nach der Naturgeschichte. Aus diesem anderen Ausgangspunkt erwachsen die eigenartig veränderten Perspektiven der Schöpfungsaussagen.

Zunächst: Der Mensch sieht seinen eigenen Standort anders, als Subjekt nicht neben und außerhalb eines Objekts «Natur», sondern inmitten der natürlichen Welt, mit ihr verbunden im Widerfahrnis des Am-Leben-Seins und Leben-Könnens.

Sodann: Über der leitenden Grundfrage erschließt sich auch die natürliche Welt mit Lebendigem in ihr anders. Durch alle Erscheinungen tierischer Nutzung und vor allem menschlicher Verwendung in Viehwirtschaft und Ackerbau, in Fischfang und Seefahrt, in Bergbau und Zeitrechnung, in Siedlungs- und Verkehrswesen hindurch kommt die natürliche Welt unter dem Aspekt der elementaren, stets unverfügbaren Grundgegebenheiten unbelebter und belebter Art zum Vorschein, die Vorgaben zum Leben sind und das eigene Leben wie alles Leben konkret ermöglichen. Diese *Weltinnenperspektive*, vom Dasein des eigenen wie anderen Lebens betroffen, bleibt beispielsweise nicht bei der Bestimmung prinzipieller meteorologischer Ursachen und Bedingungen für Regen stehen, sondern fragt nach dem Grund, warum der lebensnotwendige Regen für mich, für anderes Leben zur rechten Zeit auch wirklich kommt. An den Pflanzen sind nicht ihre analysierbaren Bestandteile und ihr internes Werden über Same und Keim das Wichtigste und nicht das Biologielehrbuch der Pflanzenweisheit letzter Schluß, sondern die Tatsache, daß sie ständig immer wieder zur Nahrung heranwachsen. Nicht die geologische Entstehung von Festland und Meer ist das Ziel solcher Weltwahrnehmung, sondern das ständige Widerfahrnis dauerhafter Trennung beider, die unbedrohte Daseinsräume gewährleistet, und zwar für Tiere und Menschen. Nicht an den geologisch-geographischen Erscheinungen der Erde mit ihren analysierbaren Problemen bleibt das Interesse haften, sondern an ihrer Qualität als Umwelträume, die verschiedene Gruppen von Lebewesen konkret am Leben erhalten.

Weitere Aspekte hängen damit unmittelbar zusammen. Für diese biblische Sicht löst sich die natürliche Welt nicht auf in eine Fülle von Einzelphänomenen, deren Ursachen in Kausalketten, genetischen Reihen, deren Wechselbeziehungen in Kausalverbindungen und prinzipiellen Gesetzmäßigkeiten zu bestimmen sind. Die natürliche Welt unter Einschluß alles konkret Lebendigen bleibt hier über allen Detailerscheinungen und analysierbaren Einzelphänomenen eine *Ganzheit*, die Ganzheit aktueller Ermöglichung von Leben in seinen konstitutiven Bedingungen, und der Grund dessen ist das Ziel der Perspektive. Eine solche Perspektive, die sich nicht auf distanzierende Analysen und genetisch-naturgeschichtliche Erkundungen beschränkt, sondern existenzbetroffen vom Wunder eigenen und anderen Lebens und seiner konkreten Gewährleistung ausgeht, schließt konkretes Leben und seine aktuellen Lebensermöglichungen von vornherein zu einer *Einheit* zusammen. Sie muß diese Einheit und Ganzheit alles konkret Lebendigen mit seinen konkreten, natürlichen Lebensausstattungen folgerichtig als Vorgang fassen. Also die natürliche Welt in ihrer unverfügbaren Gewährleistung nicht als etwas Selbstverständliches und quasi Statisches, sondern als ein Geschehen von ereignishafter, qualitativer Zeitlichkeit, in dem ständig Grundlegendes, Unverfügbares, nicht selbst Machbares, sondern Vorgegebenes allem Lebendigen zugewendet, gewährt wird. An der Erscheinung, daß Lebendiges sein Leben und seine elementare Lebensausstattung hat, ist in dieser Perspektive eben nicht dies das Wichtigste, daß es aufgrund dieser und jener Zusammenhänge und Gesetzmäßigkeiten möglich, erklärbar und naturgeschichtlich herleitbar ist, sondern dies, daß Leben mit seiner Lebensausstattung tatsächlich auch eintritt, widerfährt, Ereignis wird – immer schon und jetzt und künftig! Daß beispielsweise Löwen auf bestimmte Nahrungsmöglichkeiten angewiesen sind, hat auch die Naturkunde in Israel gewußt; in den Schöpfungsaussagen aber ist wesentlich, daß Löwen diese Nahrung auch tatsächlich bekommen, um am Leben zu bleiben; so fragt Gott Hiob: «Jagst du Raub für den Löwen und stillst die Gier der jungen Löwen, wenn sie sich in den Verstecken ducken, im Dickicht auf der Lauer liegen? Wer stellt dem Raben sein Futter bereit, wenn seine Jungen zu Gott schreien ...?» (Hi 38,39ff.).

In den Schöpfungsaussagen ist die natürliche Welt also kein ruhendes Objekt, das dem Menschen zur geistigen und handelnden Verfügung gegenübersteht. Die natürliche Welt hat vielmehr den Charakter eines Geschehens, das sich gleichsam von außen auf das konkret Lebendige einschließlich des Menschen stetig zubewegt; im Vorgang, am Leben zu sein, leben zu dürfen, leben zu können wird es dem Menschen an sich selbst wie an allem Lebendigen erfahrbar. Daß man lebt, ist ein Wunder, und deshalb ist dieses Geschehen, von dem die Schöpfungsaussagen reden, nicht ein neutraler Vorgang, sondern ein Geschehen mit der Qualität machtvoller, lebensspendender, jedem Lebendigen weit überlegener Zuwendung, ein Geschehen der Gabe und Gewährung dessen, was sich Lebendiges niemals selbst gibt. Von dem Grunddatum der Existenz konkreten Lebens, eigenen und anderen, aus zeigt sich Israel die natürliche Welt in ihrem Zusammenhang mit Lebendigem demnach als ein den Menschen selbst mitumschließendes Erlebnis von Macht, die darreicht, was Lebendiges nicht selbst machen kann, sondern vor allem eigenen Zutun als dessen elementare Grundlage als gewährt erkennt. Also als Gabegeschehen persönlicher Zuwendung, das bereitstellt, was das grundlegend Wesentliche bedeutet: am Leben zu sein und ausgestattet zu sein mit unabdingbaren, aber Lebendigem unverfügbaren Lebensermöglichungen. Dieser unverfügbare Grund aller natürlichen Lebenswirklichkeit soll erfaßt werden, wenn die Bibel die natürliche Welt und die Herkunft jedes Menschen in ihr als ein Geschehen sieht, das *Schöpfung Gottes* ist!

Zusammengefaßt: Wenn die Bibel die Entstehung von Welt und Mensch als Schöpfung sieht, so nimmt sie ihren Ausgangspunkt nicht bei einem Gegenüber von Mensch und Natur, sondern bei der Selbsterfahrung des Lebens in seiner Unverfügbarkeit und seiner evidenten Sinn- und Werthaftigkeit. Israel kann die Erscheinungen der natürlichen Welt und des Lebendigen in dieser nicht nur in ihrem Vorhandensein und fraglosen Bestand sehen. Es sieht in den Schöpfungsaussagen vielmehr ihr stetiges Gewährtsein zugunsten alles Lebendigen. Eben deshalb werden alle lebensrelevanten, vorgegebenen Elementarerscheinungen der natürlichen Welt als Geschehen wahrgenommen, das die Grundgegebenheiten für jeden Lebensvollzug verwirklicht. Als Zuwendung unverfügbarer Grundgegebenheiten ist dies ein Geschehen stetiger Zukehr Gottes des Schöpfers. Er wendet allem Dasein zu, was diesem für sein Leben immer schon vor- und mitgegeben und außerhalb seiner Verfügung ist. Er reicht ständig Leben, Lebensraum, Lebensversorgung und Lebensfrist dar für alles, was am Leben ist. Er hält all dies der Welterfahrung ständig präsent.

Dieses einheitliche und ganzheitliche Geschehen gewährleistet allem Lebendigen elementar Sinn- und Werthaftes, aber dem Lebendigen selbst doch Unverfügbares; es ist deshalb stetiges Widerfahrnis persönlich-machtvoller Zuwendung Gottes zu allem Lebendigen. Erfahrung der natürlichen Welt und des Am-Leben-Seins ist unter dieser Perspektive deshalb Gotteserfahrung, und zwar Erfahrung der welt- und menschenüberlegenen Macht, des Könnens und der Wohltat Gottes zugunsten allen Lebens. Entsprechend ist dieses Geschehen für biblische Sicht nur dann sachgemäß aufgenommen, wenn es als Handeln Gottes erfaßt wird. Dieses aktuell Leben gewährende Handeln Gottes betrifft nicht nur die Vergabe konkreten Lebens an jedes lebendige Wesen, sondern auch die stetige Mitgabe seiner Lebensausstattung. Daß etwa Berge dastehen, die Erdfläche stabil ist, daß Vegetation im Kreislauf der Jahreszeiten immer wieder aufwächst, ist demzufolge kein statischer Befund, sondern wegen der Bedeutung als einer konkretem Leben mitgewährten Lebensausstattung selbst stetiges Geschehen, das zum Wunder aktueller Lebensvergabe hinzugehört. Um dies auszusagen, daß sich Lebendiges jetzt und zu aller Zeit aktuell mit den notwendigen Ausstattungsvorgaben zum Vollzug seines Lebens versehen vorfindet, sprechen die Schöpfungsaussagen davon, daß nicht nur jedes konkrete Leben selbst, sondern alle elementaren Lebensausstattungen in der natürlichen Welt von Gott geschaffen, gemacht, gegründet, befohlen sind, in Akten seines Willens ihren Grund haben. Daß die lebensnotwendigen Phänomene der natürlichen Welt ebenso wie das Leben des Lebendigen von Gott geschaffen sind, ist also nicht fromm-beliebiges Beiwerk, nicht einfach naive «Erklärung» antiker Naturwissenschaft, sondern Wahrnehmung des Erfahrungsgrundes, dem die Selbsterfahrung des Lebens korrespondiert. Die natürliche Welt als Schöpfung Gottes sehen, heißt also, in lebensbetroffener, daseinsbestimmter Weltsicht sie im Zusammenhang mit dem Wunder konkreten Am-Leben-Seins, eigenen und anderen, als ständig dem Leben dargereichtes Gabegeschehen sehen, dessen alles Leben unentwegt bedarf und auf das es selbst ständig angewiesen ist.

Sprachliche Wahrnehmung als Urgeschichte

Wie soll man dieses umfassende Gabegeschehen sprachlich erfassen und weitergeben, das allem Lebendigen erfahrungsgemäß widerfährt und seit jeher widerfahren ist? Die Bibel hat dafür drei Ausdrucksformen: den hymnischen Lobpreis des Schöpfergottes (z. B. Ps 104), der meist in allzeit gültigen Gegenwartsaussagen das Immerwährende dieser lebenstiftenden Zukehr Gottes rühmt und entfaltet, ferner die Satzreihen, die die hierfür ständig wesentlichen göttlichen Handlungen und Ordnungen im einzelnen aufreihen (z. B. Hi 38ff.) und schließlich die Darstellung als *Urgeschichte*. Auch diese letztere hat dieselbe Perspektive, erfaßt denselben Grundvorgang, stellt ihn nur in eigener, uns Heutigen höchst mißverständlicher Weise dar. Wir wollen dafür die Ausführungen in Kapitel 1 wieder aufnehmen und noch etwas genauer erläutern.

Biblische Urgeschichte ist kein Phantasieprodukt, das Neugier befriedigen will. Unser Problem, wie jemand über eine Anfangszeit von Welt und Mensch so konkret reden kann, obwohl niemand dabei war, hätten die biblischen Erzähler gar nicht verstanden. Die Realitätsbasis ihrer urgeschichtlichen Zeugnisse sind allerdings nicht naturgeschichtliche Erkenntnisse über die historischen Anfangszeiten von Leben auf dem Planeten Erde; ihre Realitätsbasis ist die Selbsterfahrung des Am-Leben-Seins des Menschen und aller Lebewesen, wie es gegenwärtig und zurückdenkend seit jeher gegeben ist. Urgeschichte will das ständige, seit jeher und jetzt sich ereignende Gabegeschehen in allem Leben und seinen lebensnotwendigen Ausstattungen erfassen. Diese Erfassung der grundlegenden, immer gültigen Geschehnisse erfolgt als Erzählung einer «Urgeschichte». Dies gilt schon von der anderen älteren Urgeschichte, die wir in Gen 1–11 jetzt mit der priesterschriftlichen Urgeschichte verbunden finden und im achten Kapitel noch näher betrachten werden, auch wenn diese die vorgegebenen Lebenseinbußen und deren Gründe viel stärker als P zur Geltung bringt. Auch sie will die gegenwärtige Welterfahrung von Erzähler und Hörer klären durch Aufweis derjenigen Grundgegebenheiten, die die gegenwärtige Lebenswelt seit jeher prägen. Vorprägungen, zeitlich wie räumlich umfassend, allgemeingültig, werden aufgezeigt; eben deshalb wird in einer Urgeschichte ihr Aufkommen, ihr grundlegender Anfang erzählt, von dem ab sie wirksam sind bis hinein in die gegenwärtig-selbsterfahrene Lebenswelt. Und trotz ihrer genauen Zeitangaben ebenso die Urgeschichte der Priesterschrift, die wir schon näher betrachtet hatten. Ihre Frage ist nicht: Was kann der Mensch historisch aus der Fernvergangenheit der Entstehungsgeschichte von Welt, Leben und sich selbst wissen? Sondern: Was muß er zu seiner Orientierung heute, jetzt wie zu aller Zeit über das Zeit und Leben stiftende Vorgabegeschehen wissen, das seinem Dasein wie allem Leben jetzt

und seit jeher zugrundeliegt? P erfaßt dieses allgemeingültige Vorgabegeschehen der Schöpfung als datierte, zeitliche Abfolge eines An-
fangsgeschehens. Aber diese Zeitbestimmung erwächst nicht aus naturgeschichtlicher Befragung, sondern ist von zwei Faktoren bestimmt. Einmal: das Vorgabegeschehen göttlicher Schöpfung umfaßte
sechs Arbeitstage, weil der Gott Israels der Schöpfergott ist und seine
Ordnung für den israelitischen Rhythmus von Arbeit und Ruhe im
Sabbatgebot auch selbst bei der Schöpfung vollzogen hat. Sodann: die
Abfolge der Schöpfungswerke soll nicht naturgeschichtliche Einsichten, sondern in sachlicher Hinsicht ständige wie gegenwärtig gültige
Ordnung zeigen: den wesentlichen Zusammenhang von Daseinsräu-
men, die logischerweise zuerst errichtet werden, mit den Wesenheiten,
für die sie bestimmt sind und die logischerweise anschließend erschaffen werden; P bewegt sich dabei, wie unsere Aufbauskizze von Gen 1
zeigte, von den erdfernen Bereichen immer näher auf die Erde und den
Menschen zu. Wie in der Naturgeschichte, so sind etwa auch in Gen 1
die Wassertiere älter als die Menschen; die Aussage ist aber in beiden
Fragesystemen völlig verschieden gedacht, kommt von völlig verschiedenen Perspektiven in Sicht und ist im Grunde nicht vergleichbar.

   Ein heute so irritierender Zug der biblischen Sicht muß im nächsten
Kapitel noch weiter entfaltet werden: die Darstellung der Schöpfung
«am Anfang».

4. Die biblische Sicht des Anfangs

Wenn die Bibel das göttliche Schöpfungswirken in Gen 1, aber auch in der Paradieserzählung Gen 2–3 mit einer grundlegenden Anfangszeit verbindet, so soll damit anderes gesagt werden als mit unseren naturgeschichtlichen Bestimmungen des Anfangs von Welt, Tieren, Menschen. Denn in der biblischen Darstellung des Anfangs werden nicht Anfänge der Welt und Menschheit in einem streng historisch-einmaligen Sinne erfragt, werden nicht sukzessive naturgeschichtliche Abläufe von ihrem Ursprung her definiert oder die Entstehung von Prototypen gegebener Weltphänomene fixiert, wie es einem naturwissenschaftlich-genetischen Frageansatz entspräche. Wer die Redeweise von der Schöpfung der natürlichen Welt in einem Geschehen «am Anfang» verstehen will, muß sich also trennen von unserer historischen Fragestellung nach den ersten Anfängen von etwas, muß sich lösen von naturgeschichtlichen Bestimmungen über Werdeprozesse, genetische Reihen und Entwicklungsprozesse, die schließlich zum Bestand von Naturerscheinungen vor Augen geführt haben. Standort und Sehweise, die zum biblischen Reden «vom Anfang» führen, sind anders geartet.

Dafür ist vor allem zu beachten, daß dieses Schöpfungsgeschehen «am Anfang» im Rahmen einer urgeschichtlichen Darstellung steht, deren Eigenart wir im voraufgehenden Kapitel kennengelernt haben. Diese urgeschichtlichen Darstellungen lösen sich ja nicht von Gegenwart und Lebenswelt vor Augen, sie tasten sich nicht in quasi-naturwissenschaftlichen Angaben über die Herkunft und Ursachenreihe der natürlichen Welt zu historisch-punktuellen Anfängen hinaus. Ihr Bestreben ist vielmehr, von der Gegenwart aus und auf diesem Boden bleibend (!) zurückzuschauen und die Gewährleistung von Grundgebenheiten zu erfassen, die in der gegenwärtigen Lebenswelt seit jeher gelten. Grundgegebenheiten – nicht auf physikalische oder chemische Vorgänge reduziert, sondern umfassend und erfahrungsnah Grundgegebenheiten meines und allen Lebendürfens seit jeher und der notwendigen Ausstattungen dazu. Herkunft in diesem Sinne wird in den Schöpfungsaussagen «am Anfang» bestimmt. Woher kommt es, daß ich lebe, daß Lebendiges seit jeher leben darf und leben kann? Diese Frage nach dem Ursprung eines schlechterdings unverfügbaren, nicht selbstverständlichen Geschehens, dem jedes Lebendige sich verdankt, wird in den Schöpfungsaussagen «am Anfang» beantwortet. Leitendes Interesse dieser Aussagen ist also, in solcher Darstellungsweise die Tiefendimension der gegenwärtigen Erfahrungswelt, wie sie seit jeher ist, auszusagen und die Vergabe derjenigen, stets aktuell lebensgewährleistenden Grundgegebenheiten und Grundbestimmungen freizulegen, die für Welt und Mensch im ganzen und immer schon gelten. Wer im biblischen Sinne vom Anfang der Lebenswelt spricht, fixiert nicht erste Ursachen und Anstöße für Entwicklungen, er fragt nach dem Ursprung der gegenwärtigen Lebenswelt vor Augen, nach einem Ursprung, der bereits das lebensnotwendige Ganze setzt. Es ist der Ursprung, der seither fortwirkend präsent ist, der den Akt willentlicher Gewährleistung dessen darstellt, was in der Lebenswelt vor Augen seit jeher unverfügbar vorgegeben ist! Also der gegenwärtig an meinem wie an allem Lebendigen erfahrene Ursprung! Wer biblisch vom «Anfang» spricht, bringt zum Ausdruck, daß er – mit der ganzen Lebenswelt, zusammen mit dem gesamten zeitlichen Bestehen dieser Lebenswelt – von einem bleibend aktuellen, anhaltend wirksamen und erfahrbaren Ursprung herkommt, in dem diese dem Lebendigen unverfügbare Lebenswelt gewährt wurde. Der biblische «Anfang» ist also nicht ein historisch-punktuelles, genetisches Ausgangsdatum. Dieser Anfang erfaßt vielmehr das Geschehen, in dem die je konkrete Lebenswelt seit ihrem Bestehen gründet, also das, was alles Lebendige heute, seit jeher und künftig niemals sich selbst schafft, sondern was seinem Dasein immer schon vor- und mitgegeben ist.

Israel geht in diesen Texten also von seinem eigenen geschichtlichen Standort aus, nimmt das Widerfahrnis eigener und anderer Lebensgewährung, seit Lebendiges seines Wissens überhaupt ist, wahr und stellt dieses gleichsam zurückschauend aufgrund der gegenwärtig angesammelten Gottes- und Welterfahrung als Ur- und Anfangsgeschehen dar, um das in *aller* Erfahrung Vorgegebene, Grundlegende auszudrücken. Schöpfung als Ur- und Anfangsgeschehen erfassen heißt demnach, die vorgegebenen, *immer geltenden* Grundgegebenheiten der gegenwärtig erfahrenen Lebenswelt an ihrem Ursprung und Grund aufzusuchen.

Auch das siebentägige Schöpfungsgeschehen in Gen 1 ist, wie bereits in den vorangehenden Kapiteln betont, in diesem Rahmen zu sehen. Es steht nicht im Text, weil die Priesterschrift riesige Entstehungszeiträume in ihrem antiken Unwissen naturgeschichtlich so lächerlich kurzzeitig gedacht hätte, sondern deshalb, weil eine wesentliche Bestimmung der Lebensführung Israels, die Sabbatwoche, ihren Grund schon in der anfänglichen Ordnung göttlichen Schöpferwirkens hat. Noch einmal: An sinnhaften Ordnungen in der Lebenswelt, nicht an naturgeschichtlich-genetischen Herleitungen ist P interessiert!

Natürlich sind für Israel auch in diesen Fassungen der Schöpfung als Ur- und Anfangsgeschehen implizit (!) unsere naturwissenschaftlichen Fragen nach kosmo- und biogenetischen Abläufen und Ursachen beantwortet, obwohl Israel diese Fragen so gar nicht stellte und entgegenstehende naturwissenschaftliche Erkenntnisse noch nicht kannte. Aber wieder ist zu betonen: Zeigt sich in dieser Hinsicht unser naturwissenschaftlich begründetes Bild heute erheblich differenzierter und anders, die Frage nach den gründenden und prägenden Anfängen stetiger Gewährleistung erfahrenen Lebens und seiner elementaren, lebensdienlichen Ausstattung sowie ihre Antwort in Schöpfungsaussagen umgreifen alle Differenzierung und Wandlung des Naturwissens. Ja, alles Naturwissen, alle naturwissenschaftliche Einzelforschung bedarf der Rahmung in der Selbsterfahrung des Lebendigen und somit dieser Sehweise gründender und prägender Anfänge, die das Ganze in alle Folgezeit umschließen, weil nur so das vorgegebene Sinnhafte des Selbstwertes Leben erfaßt werden kann, das konkretem Leben stetig und seit jeher zugrunde liegt.

Schließlich eine praktische Bemerkung. Wer versucht, diese Schöpfungstexte des Alten Testaments heute zu Verständnis zu bringen, muß den ihnen eigenen Ansatzpunkt und ihre Perspektive vermitteln. Er muß ihrem quasi-naturwissenschaftlichen Mißverständnis ebenso wehren wie simpler Apologetik; denn der Intention nach sind diese Aussagen völlig offen für gewandelte naturwissenschaftliche Einsichten. Er muß in Bibelillustration und Bilderbüchern zur Bibel, in Predigt und Unterricht vor allem davon Abstand nehmen, diese Aussagen quasi-historisch «von vorne» darzubieten, gleichsam in der Position eines, der dem Schöpfer «am Anfang» über die Schulter sieht und dabei miterlebt, wie alles so gemacht wurde. Er muß vielmehr bei der gegenwärtigen Erfahrung ansetzen, daß mir und allem Lebendigen seit jeher Leben nicht bloß Möglichkeit, sondern glückhaft-unverfügbare Wirklichkeit ist, und weiterführen zu dem Grund solchen Widerfahrnisses,

in dem Gott der Schöpfer sich Leben zukehrt und darin alle kosmo-
und biogenetischen Einsichten der Moderne umgreift.

Dieser Aspekt, daß die Schöpfungstexte der Bibel eine Erfahrung,
die Grunderfahrung der Vorgabe des Lebens nämlich, aufgreifen, soll
uns im nächsten Kapitel näher beschäftigen.

5. Die Vorgabe des Lebens als Grunderfahrung

Unsere Nachzeichnungen in den voraufgehenden Kapiteln haben ergeben, daß die biblischen Aussagen von der göttlichen Schöpfung der natürlichen Welt nicht einen nur dem Glauben gewissen Sonderbereich von Wirklichkeit jenseits des Natürlichen, Vernünftigen, allgemein Erlebbaren und naturwissenschaftlich Befragbaren, Erforschbaren wahrnehmen wollen – was zur Folge hätte, daß diese Aussagen ohne Korrespondenz zu Erfahrungen im Umgang mit der allgemein zugänglichen Realität wären. In Schöpfungsaussagen wird, so sahen wir, auf dem Felde der natürlichen, vernunftzugänglichen, stetig erlebten und den Hypothesen naturwissenschaftlicher Gesetze genügenden Welt, wie sie jedem vor Augen ist, vom göttlichen Schöpferwirken gesprochen, um die gründende Tiefendimension dieser gegebenen Welt im Wunder ihrer Existenz und ihres unverfügbaren, elementaren Wertes auszusagen. Daß dies so ist, hängt mit dem eigentümlichen *Erfahrungsrahmen* zusammen, in dem sich die Wahrnehmung der einen, natürlichen, zugänglichen Wirklichkeit bei diesen Aussagen stets bewegt. In diesem Erfahrungsrahmen stellt sich ein göttliches Schöpferwirken nicht erst als Schlußfolgerung «natürlicher» Welterkenntnis ein. Vielmehr ist dieser Erfahrungsrahmen so geartet, daß sich auf seinem Boden die eine und gesamte natürliche Welt von vornherein und von Anfang an als göttliche Schöpfung zeigt. Auf diesen Erfahrungsrahmen, der sich auf die unverstellt natürliche, vernünftige, allgemein erlebbare und erforschbare Welt bezieht und gleichwohl ihrer Qualität als Schöpfungsgeschehen Jahwes inne wird, müssen wir etwas genauer eingehen.

Erfahrung als Medium ganzheitlicher Weltbegegnung

Wenn den biblischen Schöpfungsaussagen ein Ansatz und nicht verlassener Bezugsrahmen in der *Erfahrung* korrespondiert, dann ist damit die ursprüngliche und unmittelbare Ebene der Aufnahme von Welt in Blick genommen, «die mit dem Leben des Menschen in der Welt selbst gegeben ist und die jeder Reflexion vorausgeht» (U. Luck). Also die

Ebene eines ganzheitlichen Lebensbezuges zur Welt, auf den Welt und Umwelt ganzheitlich treffen und das Widerfahrnis von Beständigem und Neuem gleichermaßen einlassen. Erfahrung in diesem Sinne erwächst im Lebensvollzug, im Verfolg von Lebenspraxis, in der «transwissenschaftlichen Offenheit» (A. M. K. Müller) eines begegnenden, betroffenen, selbst beteiligten Umgangs mit dem zeitlichen Ereignis von Welt, der sich nicht scheut, sich in Beziehung, in lernbereite Abhängigkeit zu dem in Erfahrung Zukommenden zu begeben. An Abgrenzungen läßt sich dies noch weiter verdeutlichen. Von dem Sonderreservat der sogenannten «Glaubenserfahrungen» ist dieser erfahrungsmäßige Zugang zur Wirklichkeit nämlich geschieden durch seinen unbeschränkt offenen Bezug auf eine allgemein zugängliche Welt. Von den vielfach suggerierten und gesteuerten Erfahrungen der modernen Medienwelt durch seinen Bezug auf das elementar in der Ganzheit des eigenen Lebensvollzuges Erlebnisevidente. Von der Erfahrungsevidenz einer wissenschaftlichen Welt, die nur Erfahrung solcher Art gelten läßt, «die durch Beschreiten eines genau angebbaren Weges gewonnen wird» (A. M. K. Müller), durch Vermeidung der dabei wirksamen Abblendungen und durch Festhalten jenes Überschusses, den reale Weltwahrnehmung im weltbegegnenden Lebensvollzug jener verkürzenden und reduzierenden Wissenschaftserfahrung voraus hat.

Leben als Grunderfahrung

Nun bezieht sich der Erfahrungsansatz und Erfahrungsrahmen für die Schöpfungsaussagen nicht einfach auf jegliche Erfahrungen, die sich in der genannten Weise machen lassen, sondern auf *Elementarerfahrungen*, die sich dem Menschen als allen konkreten Einzelerfahrungen im Umgang mit Welt vor- und mitgegeben und zugrundeliegend herausstellen. Auf einfache, grundlegende Erfahrungen also, die sich der Besinnung über die vielen, konkret-einzelnen Selbst- und Welterfahrungen im Lebensvollzug zeigen. Auf Erfahrungen, die Unerläßliches des eigenen, erfahrenden Daseins, aber auch anderen Daseins freilegen und wahrnehmen, was für Dasein, sofern es ist, schon immer und für immer bezeichnend ist. In der Zeit zu sein, in Werden und Vergehen zu sein, könnte als eine derartige Elementarerfahrung angesprochen werden. Es handelt sich also um «Grunderfahrungen».

Welches die Grunderfahrung ist, die den Schöpfungsaussagen entspricht, haben wir schon gesehen. Wenn der biblische Mensch in seiner

Erfahrung mit Welt umgeht und sich selbst als erfahrendes Subjekt in seinem Lebensvollzug dabei bedenkt, so entnimmt er dem als elementare Grunderfahrung zunächst das unverfügbare, immer schon vor- und mitgegebene Wunder, überhaupt am Leben zu sein. Und dazu ebenso unverfügbar und im Grunde vor allem menschlichen Zutun ausgestattet zu sein mit *Lebensfrist*, mit *Lebensraum*, mit *Lebensversorgung* durch Nahrung und der Kraft der *Lebensvermehrung*. Daß eben dies wirklich eintritt, zugewandte Realität außerhalb der Reichweite menschlicher Eigenverfügung ist, das ist der elementare, grundlegende Sachgehalt eigener Lebenserfahrung. Er schließt Angewiesenheit, Abhängigkeit, angesichts von Lebensbedrohung und Tod aber nicht minder Grenzen des eigenen Daseins in sich und setzt den Spielraum des aktiven Lebensvollzuges. In dieser Elementarerfahrung unverfügbarer Vergabe und ebenso unverfügbaren Entzuges von Leben erfährt der einzelne Gott den Schöpfer wirksam im Ereignis seines Lebens (Ps 22,10; 71,5f.; 119,73; 139,13–15; Hi 10,8ff.; 33,4; 34,14f.; 35,10). Die Bibel hat bei dieser Erfahrungsperspektive selbstverständlich nicht nur das Ereignis des puren Lebens im Blick, sondern zugleich den Wert und die Freude, die zu solcher elementaren Selbsterfahrung des Lebens gehören. Also das ungeminderte, gesunde am Leben-Sein, das Versorgtsein mit Ausstattungen für Lebensraum, für Nahrung, Kleidung und Behausung, dazu eine Lebensfrist, die in hohes Alter reicht, und zahlreiche Nachkommenschaft. In solcher Erfahrungsprägung des Grundwertes Leben ist somit nicht nur ein bloßes Überleben, sondern qualitativ ein zufriedenstellendes, ein von Freude erfülltes, glückliches Leben eingeschlossen. Ihr entspricht eine Wohl ordnung der politischen und sozialen Welt, in der man lebt. Ihr entspricht eine Lebensführung, die sich in Übereinstimmung mit dem vorgegebenen Ordnungs- und Wertgefüge der Schöpfungswelt befindet. Innerhalb dessen sind Vitalkraft, Freiheit als Lebensspielraum, Recht, äußere und innere Weite zur Lebensentfaltung, Glück, Freude, Ansehen bei den Mitmenschen Anzeichen erfüllter Selbsterfahrung des Lebens und gehören zu seinem Sinn und Wert hinzu.

Diese Grunderfahrung des einzelnen, die das schlechthin Realste des eigenen Lebensvollzuges aufnimmt und präsent hält, ist aber nicht auf den jeweils einzelnen beschränkt. Sie wird in ihrer Gültigkeit ebenso auch für anderes, menschliches oder tierisches Lebendige, sofern es je am Leben ist, war oder sein wird, wahrgenommen. In dieser geweiteten Perspektive bezieht sich solche Grunderfahrung dann folgerichtig in umfassender zeitlicher und räumlicher Dimension auf die gesamte natürliche Welt mit ihren belebten und ebenso ihren lebenswichtigen unbelebten Erscheinungen. Die natürliche Welt erschließt sich solcher Grunderfahrung als ständiges Ereigniswerden des Geschehens einer Lebenswelt, in der außerhalb der Verfügung des Lebendigen selbst vielmehr von Gott Lebendiges und eine unerläßliche Lebenswelt stetig zugewendet wird. Der biblische Mensch hat sich in den Schöpfungsaussagen somit im Verfolg dieser Grunderfahrung das scheinbar Allerselbstverständlichste und deshalb allzu Verdrängbare, das tatsächlich aber alles andere als Selbstverständliche für seine Weltorientierung präsent gehalten: das stete Wunder, daß Leben und Lebenswelt unablässig und doch in allem Wesentlichen unverfügbar Ereignis wird! Hier liegt der innerste, allerrealste Antrieb zur Perspektive von Welt und Leben als göttliches Schöpfungsgeschehen! Hier ist der Ort der biblischen Frage nach der Herkunft des Menschen!

Die Grunderfahrung des Lebens als Orientierung und Wertsetzung
In diesem Rahmen erfahrener Lebenswelt als Schöpfung Gottes sind
dem Menschen in biblischer Perspektive von vornherein auch grundlegende Orientierungen und Wertsetzungen für die Lebensführung mitgegeben. Wer sich an diesen bestimmenden Grunderfahrungen eigenen und anderen Lebendigseins ausrichtet, orientiert sein Interesse an
der natürlichen Welt nicht einfach auf alles an ihr Wißbare und alles
mit ihr Machbare. Er konzentriert es auf ihre Qualität als vorgegebene,
gewährte Lebenswelt für alles Lebendige und sieht darin das Primäre
und Wesentliche der Weltwahrnehmung, wie Auswahl und Perspektive in den Schöpfungstexten zeigen. Wer sich in diesem bestimmenden
Erfahrungsrahmen bewegt, erfährt die natürliche Welt des Lebendigen
nicht als neutralen Bereich, über den der Mensch gemäß eigenen Wert-
und Zwecksetzungen fraglos verfügen könnte. Die Grundeinstellung
des Menschen zur Welt ist anders, weil er die natürliche Welt von
vornherein als ein vorgegeben sinn- und werthaftes Geschehen wahrnimmt, ohne sein Zutun gezeichnet von der sinnhaften Verwirklichung des Grundwertes Leben im eigenen Dasein wie bei allem Lebendigen mit seiner elementaren Lebensausstattung. So ist begreiflich, daß
die Bibel innerhalb dieses Erfahrungsrahmens keinen unmittelbaren
und direkten Bezug des Menschen gar autokratisch-verwertender Art
zu anderem Lebendigen und zur Lebensausstattung der Welt sehen
kann. Trifft doch der Mensch hier wie bei sich selbst auf wertsetzen-
des, ihm unverfügbares Schöpferhandeln! Der Zutritt zu diesem Geschehen bedarf für den Menschen vielmehr der Ermöglichung und der
Ermächtigung von seiten Gottes, und zwar sowohl im geistigen (!) wie
im handelnden, gebrauchend-lebensfristenden Umgang mit dieser Lebenswelt.

Herdenhaltung, Bodenaufbruch und Pflanzenkost, Tötung von
Tieren zu Nahrungszwecken müssen ihre von Gott zugesagten Ermächtigungen haben. Ausdrückliche Regelungen durch den Schöpfer
der Lebenswelt sind nötig, wie mit Blut als dem Sitz des Lebens (Gen
9,4) und mit tierischen oder menschlichen Mördern von Menschenle-
ben zu verfahren ist. Denn Gott ist es, in dessen Verfügung Leben ist,
und er, der Schöpfer des Lebens, ist der Herr, der das Leben liebt
(Weish 11,26). Auch die Erscheinungen der unbelebten Natur sind aus
dieser sinn- und werthaften Weltbegegnung nicht ausgeschlossen,
sondern als Erscheinungen im Rahmen der Lebensgewährleistung
Gottes gesehen – Berge und Meerestiefen, Felsklippen und Uferdik-

kicht, Metalle und Mineralien sind durch ihre Bedeutung für das Lebendige qualifiziert. Entsprechendes gilt für das Verhältnis von Mensch und Tier. Im Rahmen der prägenden Grunderfahrung wird bei aller Differenz, die in Nutzbarkeit, Verantwortung, Ansprechbarkeit durch Gott zwischen Mensch und Tier besteht, auch zwischen menschlichem und tierischem Leben die grundlegende und verbindende Gemeinsamkeit göttlich gewährten Lebens wahrgenommen. Sie macht es erforderlich, daß menschlicher Umgang mit Tieren nicht aus Autokratie des Menschen, sondern durch Gott ermächtigt und geregelt wird. Sie läßt Israel auch tierisches Leben in seinem elementaren Daseinsrecht und seiner von Jahwe versorgten (Ps 104; Hi 38f.; Gen 1) Lebensangewiesenheit sehen; man beachte in diesem Zusammenhang auch einmal die ungezählten Tiervergleiche im Alten, aber ebenso im Neuen Testament, oder lese im 23. Psalm, mit welcher Einfühlung in die Lebensbedürfnisse eines Tieres aus der Herde die Bildwelt dieses Textes gefaßt ist und halte sich die Anklage vor Augen, die aus dem Film «Animals Film» von Victor Schonfeld spricht.

Die orientierende Kraft kann nicht hoch genug eingeschätzt werden, die dieser Grunderfahrung mit Gott auf der elementaren Ebene des einzelnen Lebens für seine Grundeinstellung zur natürlichen Welt im ganzen eignet. Sie führt nach biblischer Sicht zu erfahrungsevidenten Einsichten bezüglich der Grenzen und Möglichkeiten des Menschen, wie sie sich aus dem Rahmen einer in räumlicher und zeitlicher – auch zukünftiger – Ganzheit bedachten Lebenswelt ergeben, die Lebendiges nie selbst geschaffen hat. Sie orientiert Lebensvollzug in Erkenntnis und Handeln primär und wesentlich an einer vorgegebenen Sinn- und Werthaftigkeit, die Gott der natürlichen Welt als Lebenswelt im ganzen von vornherein eingestiftet hat. In der biblischen Sicht der Herkunft des Menschen sind also auch Sinn, Wert und Aufgabe menschlichen Lebens von vornherein mitgegeben!

Leben und Erfahrung in der Schöpfungswelt angesichts der Moderne

Natürlich ist diese biblische Sicht von Leben und Erfahrung in den Schöpfungstexten nicht eine, die man ganz einfach und unmittelbar (!) in unsere heutige Welt überführen könnte. Ein Blick auf gewandelte Ausgangsbedingungen zeigt dies schnell. Nicht nur, daß schon die tatsächliche und absehbare Übervölkerung der Erde, die Manipulation und Steuerung der Entstehung neuen Lebens, die hohen Selbstmord-

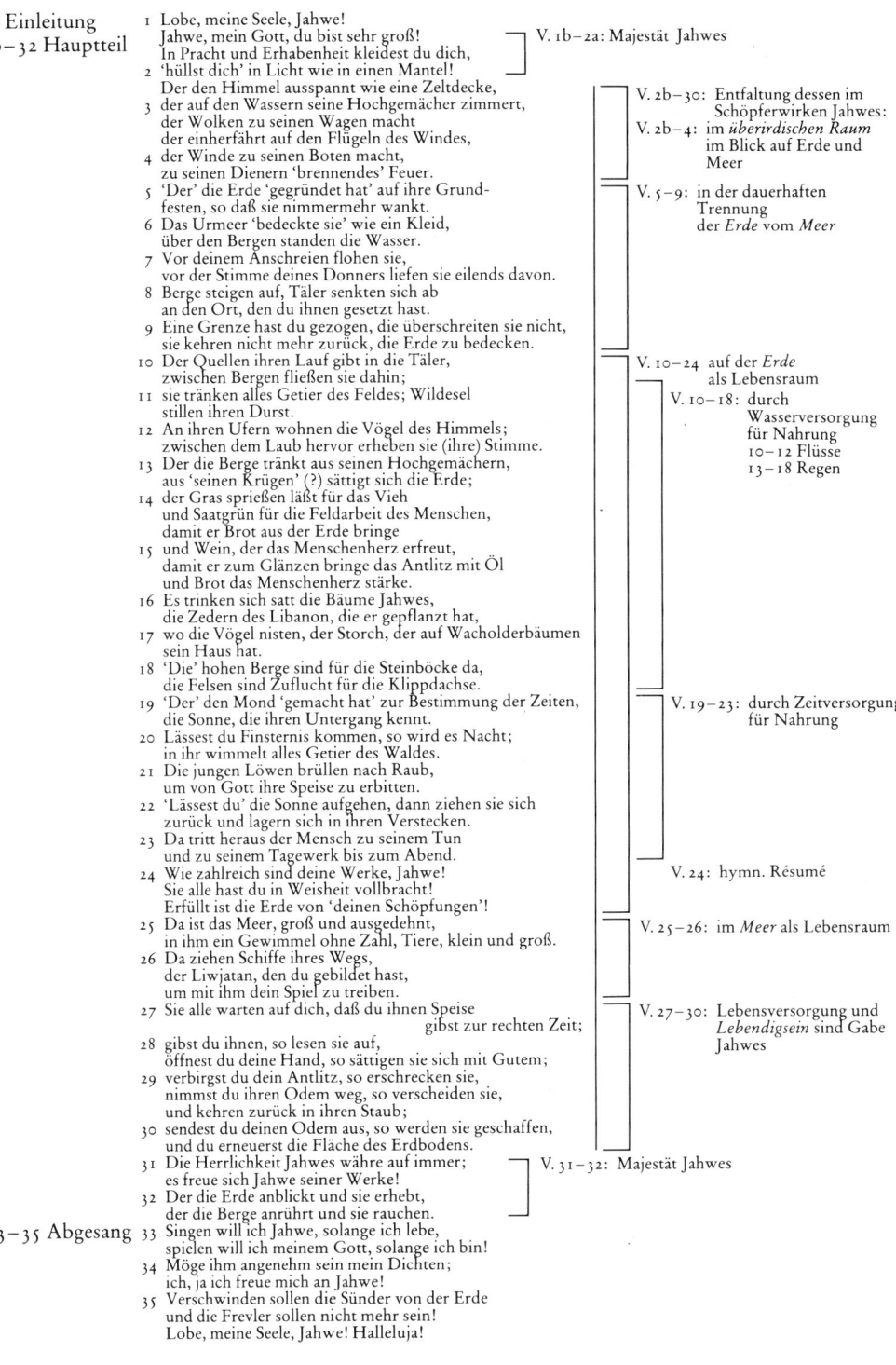

a Einleitung
b–32 Hauptteil

1 Lobe, meine Seele, Jahwe!
  Jahwe, mein Gott, du bist sehr groß!   ⎤ V. 1b–2a: Majestät Jahwes
  In Pracht und Erhabenheit kleidest du dich,
2 'hüllst dich' in Licht wie in einen Mantel!   ⎦
  Der den Himmel ausspannt wie eine Zeltdecke,   ⎤ V. 2b–30: Entfaltung dessen im
3 der auf den Wassern seine Hochgemächer zimmert,   Schöpferwirken Jahwes:
  der Wolken zu seinen Wagen macht,   V. 2b–4: im überirdischen Raum
  der einherfährt auf den Flügeln des Windes,   im Blick auf Erde und
4 der Winde zu seinen Boten macht,   Meer
  zu seinen Dienern 'brennendes' Feuer.   ⎦
5 'Der' die Erde 'gegründet hat' auf ihre Grund-   ⎤ V. 5–9: in der dauerhaften
  festen, so daß sie nimmermehr wankt.   Trennung
6 Das Urmeer 'bedeckte sie' wie ein Kleid,   der Erde vom Meer
  über den Bergen standen die Wasser.
7 Vor deinem Anschreien flohen sie,
  vor der Stimme deines Donners liefen sie eilends davon.
8 Berge steigen auf, Täler senkten sich ab
  an den Ort, den du ihnen gesetzt hast.
9 Eine Grenze hast du gezogen, die überschreiten sie nicht,
  sie kehren nicht wieder zurück, die Erde zu bedecken.   ⎦
10 Der Quellen ihren Lauf gibt in die Täler,   ⎤ V. 10–24 auf der Erde
   zwischen Bergen fließen sie dahin;   als Lebensraum
11 sie tränken alles Getier des Feldes; Wildesel   V. 10–18: durch
   stillen ihren Durst.   Wasserversorgung
12 An ihren Ufern wohnen die Vögel des Himmels;   für Nahrung
   zwischen dem Laub hervor erheben sie (ihre) Stimme.   10–12 Flüsse
13 Der die Berge tränkt aus seinen Hochgemächern,   13–18 Regen
   aus 'seinen Krügen' (?) sättigt sich die Erde;
14 der Gras sprießen läßt für das Vieh
   und Saatgrün für die Feldarbeit des Menschen,
   damit er Brot aus der Erde bringe
15 und Wein, der das Menschenherz erfreut,
   damit er zum Glänzen bringe das Antlitz mit Öl
   und Brot das Menschenherz stärke.
16 Es trinken sich satt die Bäume Jahwes,
   die Zedern des Libanon, die er gepflanzt hat,
17 wo die Vögel nisten, der Storch, der auf Wacholderbäumen
   sein Haus hat.
18 'Die' hohen Berge sind für die Steinböcke da,
   die Felsen sind Zuflucht für die Klippdachse.
19 'Der' den Mond 'gemacht hat' zur Bestimmung der Zeiten,   ⎤ V. 19–23: durch Zeitversorgung
   die Sonne, die ihren Untergang kennt.   für Nahrung
20 Lässest du Finsternis kommen, so wird es Nacht;
   in ihr wimmelt alles Getier des Waldes.
21 Die jungen Löwen brüllen nach Raub,
   um von Gott ihre Speise zu erbitten.
22 'Lässest du' die Sonne aufgehen, dann ziehen sie sich
   zurück und lagern sich in ihren Verstecken.
23 Da tritt heraus der Mensch zu seinem Tun
   und zu seinem Tagewerk bis zum Abend.   ⎦
24 Wie zahlreich sind deine Werke, Jahwe!   V. 24: hymn. Résumé
   Sie alle hast du in Weisheit vollbracht!
   Erfüllt ist die Erde von 'deinen Schöpfungen'!
25 Da ist das Meer, groß und ausgedehnt,   ⎤ V. 25–26: im Meer als Lebensraum
   in ihm ein Gewimmel ohne Zahl, Tiere, klein und groß.
26 Da ziehen Schiffe ihres Wegs,
   der Liwjatan, den du gebildet hast,
   um mit ihm dein Spiel zu treiben.   ⎦
27 Sie alle warten auf dich, daß du ihnen Speise   ⎤ V. 27–30: Lebensversorgung und
                           gibst zur rechten Zeit;   Lebendigsein sind Gabe
28 gibst du ihnen, so lesen sie auf,   Jahwes
   öffnest du deine Hand, so sättigen sie sich mit Gutem;
29 verbirgst du dein Antlitz, so erschrecken sie,
   nimmst du ihren Odem weg, so verscheiden sie,
   und kehren zurück in ihren Staub;
30 sendest du deinen Odem aus, so werden sie geschaffen,
   und du erneuerst die Fläche des Erdbodens.   ⎦
31 Die Herrlichkeit Jahwes währe auf immer;   ⎤ V. 31–32: Majestät Jahwes
   es freue sich Jahwe seiner Werke!
32 Der die Erde anblickt und sie erhebt,
   der die Berge anrührt und sie rauchen.   ⎦

33–35 Abgesang

33 Singen will ich Jahwe, solange ich lebe,
   spielen will ich meinem Gott, solange ich bin!
34 Möge ihm angenehm sein mein Dichten;
   ich, ja ich freue mich an Jahwe!
35 Verschwinden sollen die Sünder von der Erde
   und die Frevler sollen nicht mehr sein!
   Lobe, meine Seele, Jahwe! Halleluja!

ziffern und die hochgradige Lebenserschöpfung in unseren modernen
Industrie- und Bürokratiewelten die Erfahrung des Grundwertes Leben heute in verändertem Lichte zeigen. Auch die Wechselbeziehungen zwischen Lebensstandard, Bevölkerungszahl, Begrenztheit der
Lebensräume und Lebensressourcen und der standardgemäßen Le-
bensmöglichkeiten in der natürlichen Welt entspringen erst modernen
Problemkonstellationen.

Diese Differenzen zwischen der biblischen und der gegenwärtigen
Grunderfahrung zeigen die Aufgabe des theologischen Brückenschla-
ges, die hier ansteht, um biblische Grundeinsichten in der Moderne zu
erläutern und angesichts neuer Probleme neu zu entfalten. Diese Differenzen schmälern aber nicht das Gewicht des elementaren, biblischen Erfahrungsansatzes beim Wunder wohl ausgestatteten Am-Leben-Seins und die Bedeutung der Perspektiven, Sinn- und Wertsetzungen, die von ihm ausgehen – zumal in einer Zeit, da die alleinige
Orientierung des Menschen an *seinen* Standards gelungenen Lebens
die natürliche Lebenswelt an prinzipielle Grenzen zu treiben droht.
Die Bibel jedenfalls hat in ihrer elementaren Erfahrungsprägung durch
das gewährte Leben Mensch und Natur zusammengesehen. Und zwar
nicht im Rahmen einer von Menschen autonom für sich gesetzten,
sondern im Rahmen einer vorgeordneten Qualität von Welt, die ihr
der Schöpfer zugunsten alles Lebendigen zuwendet und an der der
menschliche Umgang mit der natürlichen Welt Norm, Maß und Grenze hat. Das nächste Kapitel muß nun näher von Gott dem Schöpfer in
den biblischen Texten handeln.

6. Gott der Schöpfer als Spender des Lebens

Die Bibel angesichts der Schöpfungsreligionen

Das Wunder, am Leben zu sein und eine lebensdienlich ausgestattete Welt vorzufinden, ist unverfügbar. Nichts, was lebt, hat es sich selbst gemacht. Auf der Basis dieser stets wachgehaltenen Grunderfahrung wird in der Bibel wie in altorientalischen und anderen Religionen von der göttlichen Schöpfung gesprochen – verschiedenartiger und doch einheitlicher Ausdruck eben einer allgemein-menschlich zugänglichen, ja sich aufdrängenden Grunderfahrung. Gleichwohl reden die biblischen Zeugen nicht genauso wie die anderen Schöpfungsreligionen. Und zwar deshalb nicht, weil sich ihnen im Schöpfungsgeschehen derselbe Gott zeigt, der sich den Menschen Alten und Neuen Bundes gegen ihr Wissen, Erwarten, selbst kundgegeben hat und dadurch religiös verschieden faßbare Erfahrungen, auch die Selbsterfahrung des Lebens, in bestimmter Weise klärt: im Sinne des allein verehrten, die Lebenswelt gewährenden und doch ihr gegenüber transzendenten, freien und unabhängigen Gottes Jahwe! Dies hatte Konsequenzen.

Deshalb nämlich eine Sicht der natürlichen Welt als Schöpfung, die keinen Dualismus duldet, alle chaotisch-numinosen Gegenmächte hinausbannt und eine von Jahwe durchwaltete «natürliche» Welt freigibt. Deshalb Abweis aller pantheistischen, Lebenswert und Naturkraft extrapolierenden Weltdeutungen – Jahwe ist auch der Wille, der Leben stören, mindern und beenden kann. Deshalb ist in der Bibel die Sicht der Welt als Schöpfung keineswegs eine Abblendung der lebensbedrohlichen Züge, weil Jahwe nicht allein der Machtgrund positiver Selbsterfahrung des Lebens ist, sondern der alleinige, transzendente Machtgrund der Welt überhaupt, der Leben schafft und ebenso Leben beendet. Endlich: Weil das Alte Israel von seinem angestammten, in seiner Geschichte erfahrenen und in deren Überlieferung bezeugten Gott als Schöpfer der Lebenswelt und allen Lebens spricht, kann Schöpfung kein mythisches Geschehen sein; es ist ein zeitlicher, mit Israels Geschichte verbundener und sie umschließender Vorgang, der in Erzählung und insbesondere im preisend-dankenden Hymnus seine sachgemäße Erfassung findet. Die Schöpfungsaussagen der Bibel sind vor allem alttestamentliche Aussagen; wenn wir nach diesen eher abgrenzenden Bemerkungen fragen, wie sich Jahwe als Schöpfer in der Bibel wahrnehmen ließ, muß vor allem vom Alten Israel die Rede sein, das diese Wahrnehmung im Alten Testament bezeugt.

Jahwe – Gott und nicht erdachter Grund Israels

Die Schöpfungsaussagen von *Jahwes* Wirken in der natürlichen Welt stehen, wie ungezählte Beispiele aus der Religionsgeschichte bis hin zu heute bedrängenden Fragen zeigen, gewiß in Beziehung zu einer allgemein menschlichen Problematik, der Frage nach dem Grund einer lebensgünstigen, womöglich heilen Welt, die nicht einfach in die Verfügung des Menschen gegeben ist. *Jahwe*aussagen stellen sich aber gleichwohl nicht quasi von selbst ein, wenn man diese Problematik in Ansehung der natürlichen Lebenswelt, gar in einer modernen, säkularen Perspektive, bedenkt. Wer Jahwe ist, wurde Israel lange, bevor es den totalen Bereich der Welt, der Menschen und alles Lebendigen aufgenommen hat, schon auf dem Feld seiner eigenen Geschichte in der Jahwe kündenden Überlieferung gezeigt. Nicht einfach als der aufweisbare Grund der positiv-unverfügbaren Bedürfnisse israelitischer Lebenswelt, sondern als der eine und einzige Spender alles existenzbestimmenden, unverfügbaren Geschehens für Israel, seiner elementaren Versorgung, seiner Rettungen und Bewahrungen, aber ebenso seiner Gefährdungen und Minderungen. Schon in seiner umgrenzten Welt als Gruppe und Volk sah sich Israel Jahwe als dem tragenden Geschehen seines gesamten Daseins ausgesetzt und unabdingbar auf ihn angewiesen. Es mußte deshalb von den heilvollen und Leben gewährenden Zuwendungen Jahwes ebenso sprechen wie von dem Unerforschlichen, Unverrechenbaren in den Widerfahrnissen, in denen sich Jahwe als der Verborgene in Israels Wirken zeigt. Israel sah sich in seinem Dasein einem ständigen und unabgeschlossenen, in Zukunft ebenso hineinreichenden wie in die Vergangenheit offenkundigen Geschehen ausgesetzt, in dem alles Wesentliche, weil nicht selbst verfügbar, sondern Israel vor- und mitgegeben, unberechenbar zu Ereignis kommen muß. Vom zeitlich-aktuellen Eintritt alles Wesentlichen oder von seinem Ausbleiben und Verzug ist Israel durch und durch abhängig. Es ist darin angewiesen auf Jahwe, der sich selbst hiermit Israel zur Erfahrung bringt – in Abrahams Führung wie in Sarahs Unfruchtbarkeit, in der Rettung aus Ägypten wie in den Entbehrungen der Wüste, in der gelungenen Landnahme wie in den Bedrohungen des Landes, im Segen auf Feld, Frucht und Herde wie in Hunger und Not. Aus welcher Zeit auch immer seine Formulierungen im Alten Testament stammen mögen, das erste Gebot, das von der Alleinverehrung Jahwes in Israel spricht, und das zweite Gebot, das die Verehrung Jahwes im Bild ausschließt, sind Ausdruck dieser in der Sache alten und prägenden Jahweerfassung in Israel, und die erzählenden Überlieferungen der vorstaatlichen Geschichte Israels in den geschichtlichen Büchern des Alten Testaments ihre frühe Gestalt. Diese Israel eröffnete Wahrnehmung Jahwes war bereits prägend, bevor sich Israel der Schöpfungsperspektive in ihrer Totalität öffnete, und sie war prägend für diese Öffnung, wie sie in den alttestamentlichen Schöpfungsaussagen gefaßt ist.

Jahwe – welttranszendenter Gott und nicht erdachter Grund der heilen Lebenswelt

Seit der Staatenbildung war Israel durch geschichtliche Nötigung und unausweichliche Konfrontation mit seiner kulturellen Umgebung dem Feld der elementaren Lebenswelt nicht mehr allein im umgrenzten Bereich seines Daseins ausgesetzt, sondern einer Lebenswelt in total bedachter Reichweite unter Einschluß aller Menschen und alles Lebendigen auf Erden. In universalen Schöpfungsaussagen hat sich Israel nunmehr die natürliche Welt im ganzen, wie sie damals bekannt war, in der Vorprägung eröffnet, die durch die Kundgabe Jahwes in Israels eigener, vorstaatlicher Geschichte gegeben war. Jahwe hat sich Israel auch auf diesem geweiteten Feld so gezeigt, wie er sich schon im Bereich der umgrenzten geschichtlichen Erfahrung Israels bekannt gemacht hat und wie er Israel vertraut ist. Dies hat gravierende Folgen für die Bestimmung des Verhältnisses Jahwes zur natürlichen Welt, wie sie sich Israel ergab. Wir wollen dies entfalten.

Wie seine umgrenzte Lebenswelt so hat Israel auch das Feld einer total bedachten, elementaren, natürlichen Welt nicht als etwas Abgeschlossenes, Überschaubares gesehen, dessen notwendige Ordnungen und Elementargewährleistungen sich durch Menschen – weil außerhalb der Reichweite menschlicher Verfügung – mittels einer Projektion in etwas Göttlichem begründen ließen. Auch die Totale der natürlichen Welt war für Israel ein stetig von außen zukommendes Geschehen, zeitlich, in Zukunft hineinreichend und schon darum unerforschlich und unverrechenbar, in der das Wesentliche nicht nur menschlicher Verfügung entzogen ist, sondern zu Ereignis kommen muß, in seinem Eintritt oder Ausbleiben also nicht kalkulierbar ist. In diesem inkalkulablen zu Eintritt-, zu Ereignis-Bringen des Unverfügbaren und doch Lebenswesentlichen sah Israel Jahwes Wirken auch in der Totale der natürlichen Welt. Insofern konnte Jahwe für Israel weder in den vorgegebenen Ordnungen noch in den Rhythmen der natürlichen Welt aufgehen, sowenig diese aus Jahwes Wirken ausgeschlossen sind. Die unverfügbare Zeitlichkeit von Welt in Gewährleistungen und Entzug zeigt Israel vielmehr die *Transzendenz Jahwes* nicht nur gegenüber Israel, sondern ebenso gegenüber der Welt. Diese Transzendenz Jahwes in der Angewiesenheit aller auf das zeitliche Ereigniswerden von natürlicher Welt und Leben kann erfahrend, erkennend, objektivierend nicht überstiegen werden. Konsequenter Ausdruck dessen ist für Israel das Bilderverbot. Das Alte Testament bringt diese Transzendenz Jahwes, der sich in der Welt zu Erfahrung bringt und doch nicht in der Welt aufgeht, auch gegenüber der natürlichen Welt vielfach zum Ausdruck. Israel sieht sich im Verlauf seiner Geschichte, aber ebenso im Bereich der natürlichen Welt, die damit selbst geschichtlich erschlossen ist, unablässig dem inkalkulablen Wirken Jahwes ausgesetzt, hat es ebenso in Zukunft zu erwarten und weiß sich darin in positiven wie negativen Widerfahrnissen ständig vom Wirken des welttranszendenten Jahwe getragen und beansprucht.

Jahwe – der einzige Gott in der natürlichen Welt

Nicht minder wichtig ist, daß Israel Jahwe für sich als den einzigen, alleinverehrten Gott aufgenommen hat und diese aus seiner geschichtlichen Erfahrung bewährte Kundgabe Jahwes als des einzig relevanten und alleinverehrten Gottes auch auf dem geweiteten Erfahrungsfeld der natürlichen Welt gezeigt bekam. Aufgrund dessen macht sich für Israel auch im gesamten Weltgeschehen, dem politischen wie dem natürlichen, Jahwe als der allein welttranszendente Gott kund. Die konkrete Erscheinungswelt mit ihren Rätseln und Abgründen ist nicht das Kräftespiel verschiedener transzendenter Mächte, erst recht sind Weltphänomene selbst nicht Potenzen verschiedener göttlicher Mächte. Die Folge ist, wie man an den alttestamentlichen Kundgaben Jahwes in bezug auf Israel, zumal durch die Propheten, vielfach sehen kann und wie sich an den Schöpfungstexten immer wieder beobachten läßt, die Sicht einer völlig entdämonisierten Welt auch auf der natürlichen Ebene, in der jede numinose Eigenmächtigkeit des Chaotischen zunehmend ausgeschieden ist. *In einer profanen, «natürlichen» Welt hat es der Mensch mit Jahwe, allein mit Jahwe zu tun*! So ist in Israel die Erfahrung des Geschehens der natürlichen Welt, des Angewiesenseins auf Widerfahrnis und Art ihres Ereigniswerdens Begegnung mit Jahwe und nur mit ihm, der in der Welt wirkt und doch nicht in sie geschlossen ist.

G. von Rad hat auf zwei wichtige Konsequenzen dieser Wahrnehmung Jahwes, wie er sich Israel in der natürlichen Welt kundgibt, hingewiesen. Welt als das ständige Geschehen des Inkalkulablen durch Jahwe bedeutet Begegnung mit Unerforschlichem, Unverrechenbarem, das nur partiell und unvollständig in der Erkenntnis von Ordnungen faßbar ist; Jahwe ist auch gegenüber diesen erkannten Ordnungen frei. Zu dieser Konsequenz der Welttranszendenz Jahwes sozusagen aus dem zweiten Gebot, die Widerfahrnis, Erkenntnis von Welt in den übergreifenden Rahmen des Geheimnisses Jahwes, der Verborgenheit Jahwes in der Welt stellt, kommt die andere aus dem ersten Gebot. «... Israel hat», wie G. von Rad schreibt, «das Entsetzliche, das schlechthin Zerstörerische natürlich auch erfahren; aber es war außerstande, es als irgendwie eigenständig, als in einem selbständigen Gegenüber zu Jahwe oder neben Jahwe zu begreifen, als etwas der Welt Inhärentes, bestenfalls von Jahwe Gezügeltes, es war vielmehr Teil des unmittelbaren Handelns Jahwes an der Welt. Israel hat, wenn man es so ausdrücken darf, für seine Weigerung, sich auf irgendeine Form von metaphysischem Dualismus einzulassen, einen hohen Preis gezahlt, denn in demselben Maß, in dem es die Welt aus jedem theomachischen [in Götterkämpfen bestehenden] Dualismus heraushielt, war seinem Glauben die Last auferlegt, diesen ‹Dualismus› als ein innergöttliches Phänomen zu verstehen und zu tragen.» Mit einer Ergänzung: Insofern Erscheinungen des Widerstreits in der natürlichen Welt allein mit Jahwe und keinem gegengöttlichen Numen verbunden werden, kommt dem menschlichen Verhalten gegenüber Jahwe eminente Bedeutung zu. Denn das Negative im Welterlebnis ist nicht Verhängnis eines unberechenbar willkürlich handelnden Gottes, sondern steht im Zusammenhang mit der Verantwortung des Menschen vor Jahwe in der Welt!

Jahwe – nicht Rückschluß aus der Welt, sondern kundgegeben in die Welt

Man muß diese israelitische Wahrnehmung Jahwes in Ansehung der natürlichen Welt nur einen Augenblick neben die Götter- und Welt-

aussagen der altorientalischen Umwelt Israels halten, um zu erkennen:
So von Jahwe in bezug auf die natürliche Welt zu reden, ist alles andere
als eine selbstverständliche Konsequenz, die sich aus jedem vernünftigen Bedenken von Welterfahrung sozusagen zwangsläufig einstellen
müßte. Die alttestamentlichen Jahwe-Welt-Aussagen sind unbeschadet ihrer beanspruchten Geltung in umfassender Reichweite keine Extrapolationen, Deduktionen gleichsam natürlicher Erfahrung: Diese
Aussagen müssen sogar Israel *gesagt* werden, wie die Existenz der alttestamentlichen Schöpfungstexte zeigt! Es sind in ihrem eigenen Sinne
Kundgaben Jahwes selbst zu dem, was zwar erfahren wird, was Israel,
was der Mensch aber im Blick auf Welt von sich aus nicht weiß und
nicht erkennen kann. Es sind nicht andemonstrierbare Folgerungen, es
sind auch für Israel nicht Rückschlußsätze aus seiner Geschichtserfah-
rung, sondern *Verkündigungsaussagen*, die ihrerseits Israels Erfahrung mit Welt anleiten und orientieren wollen. Sie waren von Israel in
akuten Versuchungen seiner Umwelt zu bewähren und sollen ihrerseits ihre kritische, klärende Kraft in der Weltsicht, in Erkenntnis und
Erfahrung Israels zur Geltung bringen. Was Israel von Jahwe weiß,
weiß es aus seinen Erfahrungen mit den Zuwendungen Jahwes zu ihm.
Diese Erfahrungen im geschichtlichen Ergehen Israels wie im Univer-
salbereich der natürlichen Welt werden ihm aber als Jahwewirken eindeutig durch die worthafte Selbstkundgabe Gottes in den biblischen
Überlieferungen. Auch die Herkunft des Menschen ist für Israel in
diese Perspektive eingeschlossen: Die elementare Selbsterfahrung
menschlichen Lebens wird unter der Anleitung der biblischen Überlieferung zur Jahweerfahrung, wie sie sich später in M. Luthers Klei-
nem Katechismus ausspricht: «Ich glaube, daß mich Gott geschaffen
hat samt allen Kreaturen».

Jahwes Freiheit in der natürlichen Welt

Wir haben mit Bedacht in diesem Gedankengang bisher Grundzüge der
Beziehung Jahwes zur natürlichen Welt darzustellen versucht, ohne
Welt dabei auf die Schöpfungswelt einzuengen. Denn nur so zeigt sich,
daß Jahwe keineswegs in der Schöpfungsrelation aufgeht, daß Israel
in der natürlichen Welt – pointiert gesprochen – nicht nur dem Leben
gewährleistenden Schöpfer, sondern *Jahwe* begegnet!

Wenn Israel die natürliche Welt und Umwelt einschließlich alles
konkret Lebendigen in ihr als Schöpfungswirken Jahwes gezeigt be-

kommt, dann ist ihm damit gleichsam nur eine Hinsicht des Wirkens Jahwes in diesem Bereich erschlossen. Die Hinsicht, daß das unverfügbare und immer schon vor- und mitgegebene Ereignis konkreten Am-Leben-Seins und seiner elementaren Ausstattung für alles Lebendige Wirken Jahwes ist. Wirken Jahwes mit dem kritischen Akzent, daß in diesem Geschehen Jahwe allein zugunsten des Lebens wirkt. Mit diesem Geschehen, das die Grundlage allen Daseins gewährt, ist auch das Wunder seiner Stetigkeit, seiner Verläßlichkeit verbunden; sowohl die urgeschichtlichen Darstellungen wie die hymnischen und weisheitlichen heben die seit jeher, jetzt und weiterhin bestehende Gültigkeit dieses Wirkens Jahwes hervor. Sie eröffnen damit eine erfahrungsbewährte, grundlegende Perspektive, auf die sich der Mensch und alles Lebendige einstellen können. Diese Perspektive konzentriert die Vielfalt der natürlichen Welt auf das Wesentliche, auf Erscheinungen der elementaren Gewährleistungen für Leben; sie erschließt Vertrauen, dessen der Lebensvollzug immer bedarf. Wie die Priesterschrift mit der herausgearbeiteten Identität der Handlungszüge Gottes im Weltbereich und im Israelbereich ausdrücklich reflektiert, haben die Schöpfungsaussagen in ihrer bewährten Verläßlichkeit Entsprechung zu den Zusagen Jahwes, in denen Israel sein Dasein von Jahwe gewährleistet sah.

Trotz dieser Vertrauen heischenden Verläßlichkeit des Schöpferwirkens ist Israel aber angehalten, Jahwe nicht in diesem Wirken einzuschließen, sondern sich auch hier seiner Transzendenz gegenüber der Schöpfungswelt auszusetzen. Israel stößt auf diese Transzendenz nicht nur in den Erkenntnisgrenzen, an die es im Blick auf Jahwes Walten in der natürlichen Welt gelangt. Es stößt auf sie vor allem in aktuellen Erfahrungen der Vorenthaltung, der Minderung dieses Schöpferwirkens in Naturkatastrophen, Hungersnöten, Wassermangel, Krankheit, vorzeitigem Tod, Unfruchtbarkeit. Israel ist auch hier gewiesen, nicht andere Mächte, sondern Jahwe und nur ihn am Werk zu sehen. Jahwe ist nicht nur der Leben schaffende und stetig gewährleistende Gott, sondern ebenso ist auch der Tod in seiner Hand. Jahwe ist nicht nur der Schöpfer lebensförderlicher Ausstattung der Welt, sondern die zerstörerischen Weltphänomene sind eruptive Äußerungen seiner Macht. Die aktuell gewährte Vergabe von Leben, Lebensraum, Lebensversorgung und Lebensfrist für alles Lebendige ist Israel Tun des welttranszendenten Gottes, dessen Gottsein an solches Wirken nicht gebunden ist, sondern frei auch hinter den erfahrbaren, erkennbaren, in Erzählung und Hymnus sprachlich wahrnehmbaren Ordnungen seines Leben gewährleistenden Tuns.

Diese Transzendenz Jahwes ist nicht zuletzt auch im Blick auf die Einschätzung des natürlichen Lebens zu beachten. Die Schöpfungstexte zeigen ein Wirken Jahwes, das sich in der Vergabe allen konkreten Lebens in einer lebensdienlich bereitgestellten Lebenswelt zu Erfahrung bringt. Er setzt damit eine vorgeordnete Sinnqualität und Werthaftigkeit, an die alles Lebendige gewiesen ist. Mensch und natürliche Welt sind unter ihr zusammengeschlossen. Sie weist die dem Menschen vorgesetzte Orientierung und Norm, wenn er sich frei handelnd und gestaltend in der natürlichen Welt bewegt und sich von Natur unterscheidet. Aber weil der Mensch primär nicht an das Leben, sondern an den transzendenten Gott Jahwe gewiesen ist, ist dieses natürliche Leben bei allem Lebendigen, auch für den Menschen, nicht nur kein numinoser Eigenwert, sondern auch kein Selbstwert, von dem die Gotterfahrung abhängig wäre. Jahwe geht nicht in der elementaren Welterfahrung des natürlichen Lebens auf, Jahwe ist nicht die Projektion der Unverfügbarkeit dieses Wertes, sondern er setzt ihn in seinem Schöpferwirken verpflichtend für alles Lebendige, ist aber selbst auch dem natürlichen Leben gegenüber transzendent. Folglich hat es Israel auch in Entzug und Minderung des Lebens mit dem einen Jahwe in der einen Wirklichkeit zu tun.

Gegenerfahrungen zum Leben schaffenden Schöpferwirken sind für Israel deshalb keine Infragestellungen Jahwes in seiner Gottheit, sondern gerade Erfahrungsindizien seiner Transzendenz, des Geheimnisses und der Verborgenheit Gottes in der natürlichen Welt wie auf dem Feld der eigenen Geschichte Israels.

7. Die Sonderstellung des Menschen in der Schöpfung und seine Verantwortung für das Ganze der Lebenswelt

Wir haben im vorhergehenden Kapitel gesehen, daß das Alte Testament, dem die biblischen Schöpfungsaussagen vor allem entstammen, den Menschen in der geschichtlichen Bewegung der Zeit stets auf den einen, welttranszendenten Gott Jahwe bezogen sieht – im Bereich des Politisch-Sozialen und nicht minder im Bereich der elementaren Lebenswelt. Der Mensch ist damit immer auch an das Unerforschliche, Unverrechenbare, unverfügbar Kommende des Wirkens Gottes gewiesen, das der Klärung durch aktuelles Reden Jahwes bedarf. Das bedeutet aber nicht, daß der Mensch als ein orientierungsloses Wesen gesehen wäre, passive Figur ohne Verantwortlichkeit und Gestaltungsinitiative in einem Spiel, das ein anderer spielt. Der Mensch wird damit keineswegs Spielball des Jahwe benannten, willkürlichen Rätselgeschehens der Geschichte. Dem Menschen sind in seiner Herkunft aus dem Schöpfungsgeschehen Bestimmungen gegeben und Grenzen gezogen, aber er ist damit nicht als ein ehern festgelegtes Wesen ohne Handlungsspielraum gesehen. Ihm kommt im Rahmen des Ganzen Freiheit zu, aber eine aus dem Ganzen orientierte Freiheit. Herkunft und Orientierung des Menschen werden zusammengesehen. Wie sich Jahwe Israel in seinem besonderen Erwählungsweg worthaft orientierend kundgibt in verläßlichen Verheißungen, in geschichtlichen Einlösungen, Weisungen und Ordnungen, so sind auch in das verläßliche Schöpfungsgeschehen Jahwes Orientierungen für die menschliche Gestaltung der natürlichen Welt eingeschlossen, deren Lebensvollzug zur Verläßlichkeit der Schöpfung Jahwes beiträgt. Im folgenden soll nachgezeichnet werden, wie der Mensch und seine Gestaltung der natürlichen Welt in den Schöpfungstexten der Bibel gesehen ist, und herausgestellt werden, wie die ethischen Perspektiven aussehen, die speziell die biblischen Schöpfungstexte für das Handeln des Menschen im besonderen Feld der elementaren, vor allen politischen und sozialen Gestaltungen vorgegebenen Lebenswelt aufweisen.

Die unterschiedliche Ausgangslage in der Bibel und in der Moderne
Die entsprechenden biblischen Aussagen bereiten dem Verständnis
heute freilich außergewöhnliche Schwierigkeiten, und zwar schon deshalb, weil die Ausgangslage damals und heute überaus verschieden ist.
Der moderne Mensch sieht sich dank seiner entwickelten wissenschaftlichen und technischen Fähigkeiten in der Stellung einer *beispiel-
losen Überlegenheit gegenüber der Natur,* die es weiter zu perfektio-
nieren und bei partiellen Negativerfahrungen ausgleichend zu bewähren gilt. Der biblische Mensch hingegen findet sich in der natürlichen
Welt in Auseinandersetzung mit dem nur sehr begrenzt Planbaren,
stets elementar Bedrohlichen und Gefährlichen, so daß Sicherung und
Gelingen menschlichen Lebensvollzuges in diesem Bereich bis hin
zum Bevölkerungswachstum (Gen 1,28) ausdrücklicher Gewährleistung und Ermächtigung bedürfen, die seine Wahrnehmung orientieren. Sieht sich der moderne Mensch, ob realisiert oder erstrebt, dank
seiner technischen Naturnutzung, seiner industriellen und wirtschaftlichen Kultur zu einem Niveau qualitativer Lebenssicherung, -erleich-
terung und -verschönerung befähigt, zu einer Freiheit und Selbstbestimmung der Lebensgestaltung und Lebenserwartung wie nie zuvor,
so war dem biblischen Menschen dies wegen seiner viel begrenzteren
Möglichkeiten so noch verschlossen und unvorstellbar. Kein Wunder
also, daß sich biblische Aussagen und Moderne auch an dieser Stelle
nicht unmittelbar aufeinander beziehen lassen. Gleichwohl ist ein
fruchtbares und wegweisendes Gespräch zwischen beiden möglich
und in unserer gegenwärtigen Bewußtseinslage sogar leichter geworden als in der zurückliegenden Zeit. Warum? Die unterschiedlichen
Ausgangssituationen kommen heute da wieder miteinander in Berüh-
rung, wo Einsichten in die krisenhaften und überlebensbedrohlichen
Folgen moderner Lebensführung, die noch ganz außerhalb des Erleb-
nishorizontes Israels liegen, aufbrechen und auch uns wieder nach elementaren Orientierungsgrundlagen fragen lassen, die die Freiheit moderner Weltgestaltung binden und der Abhängigkeit und Angewiesenheit des Menschen standhalten, wie sie heute wieder im Blick auf
Ganzheit und Fortbestand der Lebenswelt sichtbar werden.

Die Einbettung des Menschen in das Schöpfungsgeschehen
Die biblischen Aussagen setzen auch im Blick auf die Stellung des
Menschen in der Natur weit früher und viel grundlegender an als das
moderne Selbstbewußtsein. Die stets gegenwärtigen Grunderfahrung

des biblischen Menschen, das unverfügbare Geschenk des Lebens und einer dienlichen Lebenswelt zusammen mit allem Lebendigen erhalten zu haben, eröffnet ihm eine bestimmende *Grundperspektive*. Im prägenden Rahmen dieser erfahrungsnahen, lebensbetroffenen *Weltinnenperspektive* sieht sich der Mensch in ein Geschehen der Lebensgewährung einbezogen, das er und alles Lebendige nicht selbst in der Hand hat, sondern das Jahwe frei zu Ereignis bringt – stetig, von jeher und auch künftig. Dieses Geschehen gilt nicht nur ihm, sondern allem Lebendigen. Insofern ist er ein lebensbeschenktes Wesen unter anderen. Bewegt sich der Mensch erfahrend, handelnd in der natürlichen Welt, so bewegt er sich demnach nicht in einem Bereich, der primär menschlichen Zwecksetzungen und Ansprüchen frei verfügbar wäre. Zwar ist es allein der Mensch, der seine konkrete Lebenswelt wahrnehmend auf die Totale der natürlichen Welt überschreiten und von der Weltschöpfung Gottes als ganzer hören und wissen und darin mit anderen Menschen sprachlich kommunizieren kann. Das unterscheidet ihn von nichtmenschlichen Lebewesen. Aber er sieht bei diesem Überschritt über Menschsein hinaus ebenfalls Lebendiges und lebensrelevante Erscheinungen als von Jahwe gewollte und zugunsten von Leben gewährte und nimmt darin wahr, daß anderes Lebendige prinzipiell dasselbe Lebensrecht hat wie er selbst! Gemäß dieser bestimmenden, grundlegenden Rahmenperspektive kann es für die alttestamentlichen Aussagen überhaupt keine unmittelbare Beziehung zwischen dem Menschen für sich gesehen und der natürlichen Außenwelt mit dem nichtmenschlichen Leben für sich gesehen geben, so sehr das unserer hochgemuten und gegenwärtig verschreckten Naturbeherrschung und Lebensverwertung in der Moderne auch widersprechen mag. Der Mensch ist gemäß dieser biblischen Perspektive wie alles Lebendige primär auf Jahwe den Schöpfer bezogen, der sein und alles Leben gewährleistet! Erst auf dieser Ebene kommen dann auch Beziehungen innerhalb der Schöpfungswelt, zwischen Mensch und Natur in Sicht.

Damit ist angesichts unserer Gegenwart ein tiefgreifender Unterschied gegeben: Wo der Mensch der Moderne, gesteuert von seinen Ansprüchen und Möglichkeiten der Lebensgestaltung außerhalb seiner verwertbares und nutzbares Material sieht, dessen Dasein fraglos hingenommen wird, da zeigen die Schöpfungstexte in Konzentration der Vielfalt der Welt unverfügbares Wirken Jahwes. Dieses Wirken Jahwes an ihm und allem Leben läßt den Menschen in den lebenswichtigen Erscheinungen der unbelebt-natürlichen Welt und in allem, was lebt, folglich primär auf Äußerungen eines vorgeordneten Willens treffen, der sich auf alles Lebendige seit jeher, jetzt und hinkünftig erstreckt und dem auch der Mensch sein Dasein verdankt. Daß der Mensch diesen grundlegenden Rahmen hören und wissen kann, hebt ihn, wie gesagt, aus dem Kreis anderer Lebewesen heraus. In diesem grundlegenden Rahmen aber ist noch keinerlei Sonderstellung des Menschen gegenüber anderem Lebendigen bezeichnet, sondern nur das Gegenüber zwischen dem welttranszendenten Jahwe, der Leben und Lebensausstattung zu Ereignis bringt einerseits und seinen unbelebten und belebten Schöpfungen zugunsten allen Lebens andererseits. Die *Stellung des Menschen* im Rahmen des Schöpfungsgeschehens ist also in der Bibel prinzipiell als *Teilhabe* an der elementaren und primären Angewiesenheit und Bezogenheit alles Geschaffenen auf Jahwe den Schöpfer gesehen.

Die Sinn- und Wertorientierung des Menschen innerhalb des Schöpfungsgeschehens

Dieses Schöpfungsgeschehen Jahwes, das sich auch auf den Menschen zubewegt und ihn in sich schließt, ist aber für die biblischen Schöpfungsaussagen, wie wir sahen, nicht lediglich ein neutrales Kausalgeschehen bezüglich der unverfügbaren Ursachen konkreten Daseins, das die Daseinsgestaltung selbst völlig in die Hand des Menschen gäbe. Es ist auch kein bloßes Bereitstellen der unverfügbaren Elementarbedingungen, mit denen der Mensch allererst aufzubauen hätte, was ihm sein Leben sinnvoll macht. Das Schöpfungsgeschehen konkreten Lebens in der natürlichen Welt ist in seiner räumlichen und zeitlichen Ganzheit schon in sich und vorgegeben ein sinnstiftendes, werthaftes, höchst qualitatives Geschehen von bindender Orientierungskraft! Warum? Weil in den Schöpfungsaussagen das Geschenk des Am-Leben-Seins und zur Lebensfristung ausgestattet zu sein, als das elementare Sinnereignis schlechthin und als der grundlegende, elementare Wert in der Erfahrung festgehalten(!) wird. Die natürliche Welt vorgegebener Lebensgewährleistung durch Jahwe weist somit auch dem Menschen eine nicht erst von ihm bestimmte, sondern eine von Jahwe gesetzte, allem Eingreifen, Verändern und Handeln des Menschen vorgeordnete Sinnhaftigkeit und Werthaftigkeit auf. Beides ist mit Jahwes Willen, konkret Lebendigem, Mensch wie Tier, Leben zu gewährleisten, immer schon vor- und mitgegeben. Die Primärbeziehung auch des Menschen auf Jahwe ist also von vornherein die Beziehung auf einen vorgeordneten Willen, der Sinn, Wert und elementare Qualität in die gesamte Lebenswelt eingestiftet hat und auch menschliches Verhalten in der Welt primär und grundlegend orientiert. Wo immer der Mensch auf elementar Lebensrelevantes trifft, trifft er somit auf vorgegeben Sinnhaftes aus Jahwes Schöpferwirken, das dem autonomen Zugriff des Menschen von vornherein eine elementare Grenze setzt.

Der Mensch als arbeitend-veränderndes Kulturwesen im Schöpfungsgeschehen

Man würde den Realismus der Schöpfungsaussagen bezüglich des Menschen im Sinne einer naiven, unterschiedslosen Einbettung des Menschen als pures Naturwesen in die elementare Lebenswelt oder im Sinne einer illusionären Wiedereinbettung des Menschen in die Natur verkennen, wenn man bei dem bisher Ausgeführten stehenbliebe und es als ausreichende Wiedergabe der biblischen Sachverhalte ansähe. Was soeben nachgezeichnet wurde, ist der grundlegende, bestimmende Rahmen. Aber die Bibel weiß sehr wohl, daß nicht nur Tiere um ihrer Lebensfristung willen in anderes tierisches Leben tötend eingreifen müssen (Ps 104,21; Hi 38,39). Sie weiß nicht minder, daß der Mensch sich zur Fristung seines Lebens keineswegs rein passiv dem Naturwüchsigen überlassen kann, sondern durch Arbeit die ihm von Jahwe vorgegebene, natürliche Welt planend umbilden muß, um sie als seine gewährte Lebensausstattung handelnd wahrzunehmen: Aufbruch des Bodens in der Feldbestellung, Gartenanlagen, Fällen von Bäumen und Holzverarbeitung, Errichtung von Verkehrs- und Bewässerungssystemen, Abbau und Verarbeitung von Bodenschätzen, Züchtung und Abrichtung von Tieren, Nutzung von Tierprodukten, Tötung von Tieren zu Nahrungszwecken – um nur ein paar illustrative Beispiele zu nennen. So ist die elementare Lebenswelt des Menschen von Jahwe von vornherein auf *Arbeit* hin erschaffen, durch die der Mensch diese Lebenswelt mitgestaltet und verändert: Man denke an Ps 104,14f.23 oder aus dem Beispieltext unseres ersten Kapitels an Gen 1,28–30; selbst das ursprüngliche, paradiesische Dasein des Menschen ist durch Arbeit gekennzeichnet (Gen 2,15). Ja, Jahwe stellt nach biblischer Sicht die elementaren Gewährleistungen für solche Umgestaltung bereit, und das schließt in dieser schöpfungsgemäßen Arbeitsbeziehung zur Lebenswelt auch eine Objektivierung des Vorgegebenen durch das arbeitende Subjekt ein, auch die Entwicklung von Techniken, von

Werkzeugen, von gestaffelten Arbeitsvorgängen wie in der Metallgewinnung und -verarbeitung, auch in Handel, Wirtschaft usw. Insofern
sehen die Schöpfungstexte den Menschen in seiner Geschöpflichkeit,
die er mit allem Lebensrelevanten teilt, nicht einfach als Naturwesen
wie jedes andere, sondern in einer Sonderstellung als Kulturwesen im
Unterschied zu anderem Lebendigen, auch wenn die Doppelseitigkeit
dessen nicht verborgen bleibt.

Gemäß dieser Sicht des Menschen als Kulturwesen liegen *Technik
und Industrialisierung* mit ihrem eminent positiven Effekt für die Lebensqualität menschlichen Daseins trotz der damit verbundenen Umgestaltung der Natur durchaus in der Fluchtlinie biblischer Schöpfungsaussagen. Und dies um so mehr, als Jahwe dem Menschen schaffend nicht nur das elementar Überlebenswichtige gewährleistet, sondern das, was «des Menschen Herz erfreut» (Ps 104,15).

Maßstäbe und Grenzen der Sonderstellung des Menschen

Und doch – die Schöpfungsaussagen des Alten Testaments sehen diese
dem Menschen zugewiesene Umgestaltung der Natur zur Lebensnutzung nicht einfach angetrieben von der stetigen Perfektionierung dessen, was der Mensch autonom kann, was *er* will, welche Ansprüche *er*
stellt, welche Zwecke *er* sich setzt. Dies ist der gravierende Unterschied zu dem inzwischen bedrohlichen Bild, das die menschliche
Umgestaltung der Natur in der Moderne bietet! Für die biblische Aufgabenstellung steht diese dem Menschen zugewiesene und schöpfungsmäßig bejahte Umgestaltung der natürlichen Welt zur Lebensnutzung vielmehr bleibend und konstitutiv in dem vorgeordneten und
allen menschlichen Daseinsvollzug umschließenden Sinn- und Wertrahmen des Schöpferwirkens Jahwes zugunsten *allen* Lebens! Allem
menschlich-verfügenden Umgestalten der natürlichen Welt zunutz
seines Lebens ist damit ein orientierender Sinn- und Wertbezug vorangestellt, der dem Menschen verpflichtende Maßstäbe weist und den im
Unterschied zu allem Lebendigen von Gott allein angesprochenen
Menschen in die Verantwortung für das Ganze der Schöpfungswelt
zieht! Eben nicht der Mensch setzt diesen Sinn- und Wertbezug, sondern Jahwe als Spender allen Lebens. Dieser Sinn- und Wertbezug bezieht sich nicht nur auf die menschliche Lebenswelt, sondern umschließt die Lebenswelt alles Lebendigen. Er beruht nicht auf äußerlich-doktrinären und damit veränderbaren Setzungen, sondern entspricht elementarer Grunderfahrung in Ansehen alles Lebendigen. Er

erschöpft sich nicht in kurzatmigen Gegenwartsperspektiven, sondern umgreift gemäß der stetigen und verläßlichen Beständigkeit des Schöpferwillens Jahwes die umfassende Gewährleistung von Lebenswelt seit jeher, jetzt und in Zukunft.

Innerhalb dieses vorgegebenen Rahmens wird das Wirken des Menschen in der ihm geschaffenen Lebenswelt statt an autonome Zielsetzungen deshalb in den Schöpfungstexten an *Ermächtigungen* gewiesen, die Jahwe unter Wahrung seines Gesamtgeschehens Schöpfung für alles Lebendige dem Menschen gibt, um daran nicht nur das erkennende, sondern auch das naturnutzende, -verändernde, ja auch das sich von Natur befreiende Wirken des Menschen zu orientieren. Das kann ohne Konfliktreflexion hinsichtlich Überschneidungen so einfach wie in Ps 104 geschehen, wo dem Menschen sein Bereich mit Ackerarbeit und Viehhaltung neben anderen Bereichen für anderes Lebendige zugewiesen ist. Das kann mit soviel Wissen um die Ambivalenz kultureller Differenzierungen menschlichen Tuns wie in der älteren Urgeschichte erfolgen. Das kann schließlich so reflektiert vorgenommen werden wie in der Priesterschriftlichen Urgeschichte, die wir als Beispieltext genommen haben. Auf sie müssen wir noch einmal zurückkommen.

Ihr zufolge hat Jahwe bereits im Zuge des Schöpfungsgeschehens das *Problem des gemeinsamen Lebensbereiches Erde für Landtiere und Menschen* berücksichtigt und nur den Menschen segnend befähigt und ermächtigt, diesen Lebensbereich durch Mehrung «zu füllen» (Gen 1,28), ohne den Landtieren im selben Bereich ihr eigenständiges, für immer (!) geltendes Daseinsrecht in der Schöpfung zu schmälern (Gen 1,24f.). Ihr zufolge hat Jahwe nicht minder das *Problem des Konflikts zwischen dem Lebendigen auf dem Nahrungssektor* einbezogen, das zunächst mit der Zuweisung pflanzlicher Nahrung (Gen 1,29f.) und erst später im Sinne sieghafter Bändigung von Tiergefahr und Ermächtigung zu tierischer Nahrung für den Menschen (Gen 9,1ff.) geregelt wird. Ihr zufolge hat Jahwe schließlich sogar das *Problem des Aufbrechens der Erde zum Ackerbau* aufgegriffen, angesichts dessen der Mensch wieder durch Segen befähigt und ermächtigt wird, die Erde dafür umgestaltend dienstbar zu machen (Gen 1,28). – Natürlich beschränken sich diese Ermächtigungen Jahwes für das Wirken des Menschen bei der Gestaltung seiner Lebenswelt hier und an anderen Stellen der Bibel der Zeit entsprechend ganz auf das Elementare, ohne die Möglichkeiten einer so vielfältig und kompliziert gestalteten Lebens-

welt des Menschen wie vor unseren Augen auch nur zu ahnen. Gleichwohl finden sich wie im Erkenntnismäßigen so auch hier in der handelnden Wahrnehmung der natürlichen Welt durch den Menschen
Kriterien, die keineswegs nur an agrarische Lebensverhältnisse gebunden sind, sondern für die Bibel grundsätzliches Gewicht haben. Da
Jahwe, der Schöpfer allen Lebens, diese Orientierungen für das Wirken und Gestalten des Menschen innerhalb der Schöpfungswelt gibt,
bewegen sich diese Ermächtigungen innerhalb des von Jahwe gesetzten Schöpfungsrahmens in seiner Ganzheit.

Wie sehen diese *Grundsätze* aus? Sie lassen sich folgendermaßen zu-
sammenfassen.

*Dem Menschen ist im Umgang mit seiner natürlichen Welt und Um-
welt alles eröffnet zur Fristung und Freude seines Lebens, was*

*erstens auch anderen und künftigen Menschen die vorgegebene
Schöpfungsqualität ihrer Lebenswelt bis hin zur unbelebten Natur
nicht zerstört, was*

*zweitens auch allem anderen Lebendigen jetzt und künftig sein von
Jahwe geschaffenes Leben und Lebensmöglichkeit in ihrem eigen-
ständigen Daseinsrecht wahrt, und was*

*drittens die Tötung des außermenschlichen Lebens auf den elemen-
taren Lebensbedarf, auf die Abwehr von jedweder Gefahr für Leib
und Leben des Menschen beschränkt.*

Diese Grundsätze für die Schöpfungsverantwortung des Menschen
negieren also Bedürfnisse, Interessen, Freuden menschlichen Lebensvollzuges nicht. Sie orientieren sie jedoch an Jahwe und der von ihm
eröffneten Erfahrung der elementar vorgegebenen und von ihm gewährleisteten Schöpfungswelt *im ganzen*, in der die gemeinsame Herkunft und die gemeinsame Zukunft alles Lebendigen in seiner Lebenswelt, von Mensch und Natur, umschlossen ist. Auch wenn es außerhalb der Vorstellungsmöglichkeit der biblischen Zeit liegt – ein Maß
menschlicher Ansprüche in der Gegenwart, das zu einer Veränderung
und Entleerung der natürlichen Welt bis an die Zerstörung der elementaren Lebensgrundlagen für Leben, zumal künftiges Leben, führt, ist
im Sinne biblischer Aussagen mit Sicherheit verwehrt. Die dem Menschen in der Bindung an Jahwe den Schöpfer und seine ganzheitlichen
Sinnsetzungen eröffnete Freiheit in der Gestaltung der natürlichen

Welt zu seiner Lebenswelt hat ihre Grenze an der Verantwortung des Menschen gegenüber der vorgegebenen Schöpfungswelt im ganzen, bis hin zu den lebensrelevanten Phänomenen der unbelebten Natur! Wer sich diesen Einsichten öffnet, begreift, daß auch das wissenschaftliche *Weltbild* der Moderne das biblische trotz aller antiken Begrenzung nicht einfach überholt. Nicht aus Rückständigkeit, sondern aus sachlicher Notwendigkeit muß das Erkenntnis wie Handeln orientierende Weltbild der biblischen Schöpfungstexte im Unterschied zu den Verkürzungen des nur partiell überlegenen, modernen naturwissenschaftlichen Weltbildes notwendig ein theozentrisches sein, mit dem sich ein geozentrischer und anthropozentrischer Bereich menschlicher Schöpfungsverantwortung verbindet.

Die Priesterschrift hat diese Verantwortung des Menschen für die natürliche Welt um deren Qualität als Schöpfungsgeschehen für Leben und nicht nur um des Bestandes und Fortbestandes der Menschheit willen auf den Begriff gebracht, insofern ihr gemäß diese Sonderstellung des Menschen als «*Bild Gottes*» in der Schöpfungswelt und für sie qualifiziert ist. Der Mensch ist danach, so sahen wir im zweiten Kapitel, als Mann wie Frau, Statthalter Gottes des Schöpfers auf Erden. Er wirkt hier, an ihn gebunden und an ihm orientiert, herrscherlich zur Wahrung stetiger Sinnverwirklichung des Schöpfungsgeschehens im Blick auf die Bezüge des Geschaffenen – bis hin zur Lebenserhaltung gefährdeter Tierwelt. Mit Recht wurde die doppelte Beziehung des Menschen in seiner totalen Angewiesenheit vor Gott und in seiner Königsstellung gegenüber der Tierwelt, wie sie Ps 8 ausspricht, diesen Aussagen zur Seite gestellt: «Wenn ich deinen Himmel sehe, das Werk deiner Finger, den Mond und die Sterne, die du hingestellt hast – was ist der Mensch, daß du seiner gedenkst, der einzelne, daß du dich seiner annimmst? Du hast ihn wenig niedriger gemacht als Gott, mit Ehre und Hoheit hast du ihn gekrönt; du hast ihn zum Herrscher gesetzt über die Werke deiner Hände, alles hast du unter seine Füße gelegt: Kleinvieh und Rinder, sie alle, und auch die Tiere des Feldes, Vögel des Himmels und Fische des Meeres, was die Wege der Meere durchzieht.» (V. 4–9). Daß die Priesterschrift dies sowohl in der Herrschaft über die Tiere (Gen 1,26.28) wie ebenso in der Unterwerfung der Erde, dem vielbeschworenen «dominium terrae» (Gen 1,28), als ein ausschließlich positives, Schöpfung gemäßes und göttliche Zielsetzung in seiner «sehr guten» Schöpfungswelt wahrendes Wirken versteht, wurde oben im zweiten Kapitel ebenfalls schon deutlich.

Rückblick

Die Schöpfungsaussagen der Bibel bieten für die Stellung des Menschen und seine Gestaltung der natürlichen Welt klare Bestimmungen. Und zwar sowohl für die Ermächtigung des Menschen, seine Lebenswelt auf der Ebene der elementaren Schöpfungsgrundlagen durch deren Nutzung und Umwandlung zu gestalten, als auch für die Verantwortung, die der Mensch nicht nur für sich und seine Nachkommenschaft, sondern für das Ganze der Schöpfungswelt auch in ihrer künftigen Qualität trägt, insofern ja der Mensch und nur er dasjenige Lebendige ist, das von Jahwe, dem Schöpfer des Ganzen (!) weiß und von ihm angesprochen ist. Verantwortung, insofern dem Menschen und nur ihm der Sinn des Schöpfungsganzen kundgegeben ist. Verantwortung in ihrer heute unmittelbarsten Gestalt, insofern der Mensch und nur er es ist, der die aktuelle Gefährdung der Schöpfungswelt als ganzer erkennt.

In dieser Sicht sind die geschöpfliche Eingebundenheit des Menschen in die Schöpfungswelt und die gemeinsame Zukunft beider ebenso gewahrt wie Freiheit und Selbstbewußtsein des Menschen in seiner Sonderstellung, die sich in seiner Unterschiedenheit und schöpferisch-planvoll-technischen Umgestaltung der natürlichen Welt äußern.

Entscheidend für die biblische Perspektive sind ganz elementar, selbstverständlich, aber lebensbetroffen stets präsent gehalten zwei miteinander zusammenhängende Bestimmungen: *Der Rahmen des Schöpfungsgeschehens im ganzen*, in dem sich alles menschliche Gestalten der natürlichen Lebenswelt bewegt und der doch über den Menschen hinaus alles Lebendige umgreift. Und innerhalb dieses Rahmens *die erfahrungsbewußte Wahrnehmung des eigenen und allen Lebens in seiner Bezogenheit auf Jahwe*, den Schöpfer seines unverfügbaren Daseins.

Wirkt der Mensch in bezug auf die natürliche Welt und das Leben in ihr, so hat er in diesen Bestimmungen *die vorgegebenen Grundeinstellungen, Leitbilder, Verhaltensweisen, Wertorientierungen* vorgezeichnet. Sie sind gemäß biblischer Schöpfungsperspektive an der Sinnqualität des Ganzen der Schöpfungsperspektive ausgerichtet, wie sie nicht der Mensch, sondern Jahwe gesetzt hat. Sie bilden die Grundlage für konkrete Entscheidungen und Abwägungen, wie sie dem Menschen in jeweils neuer Konstellation aufgegeben sind. Dieser Handlungsrahmen umgreift, ortet und begrenzt tendenziell auch neuzeitliche, objektivierende Erkenntnis- und Handlungsvorgänge, auch technische und industrielle Weltgestaltung. Er kritisiert aber radikal eine Einstellung, in der sich der Mensch selbst in seiner Autonomie zum Rahmen macht. Er entlarvt die Sicht einer scheinbar ungenügenden natürlichen Welt, in der der Mensch die elementarsten Grunderfahrungen vorgegebenen Lebens und vorausgewährter Lebensausstattung verdrängt und unter dem ausschließlichen Antrieb nicht des notwendigen Bedarfs, sondern stetig gesteigerter Lebensansprüche und selbstbestimmter Zwecksetzungen die schöpfungsmäßige Grundausstattung der Welt zunehmend einschränkt und zerstörend in Frage stellt.

Der Rahmen des erfahrungsbewußten Primärbezuges des menschlichen Lebens auf Jahwe den Schöpfer ergibt für biblische Sicht die gültigen und alle Wandlungen übergreifenden Erkenntnis- und Handlungsziele des Menschen im Blick auf seine natürliche Welt.

Erkenntnisziel ist nicht nur die objektivierende Erforschung sektoral-partieller, neutraler Gesetzmäßigkeiten und Abläufe der Natur, einschließlich der langzeitigen, naturgeschichtlichen Bestimmungen, so notwendig sie an ihrem Ort auch sein mag, sondern – diese als Teilziele übergreifend und eingrenzend – die Erfassung der natürlichen Weltphänomene, der Lebensabläufe und Ordnungen als auf uns zukommendes, nicht machbares, sondern gewährtes Ereignis von Lebensvergabe und Lebensausstattung, also als Gestaltwerdung des lebenspendenden Willens des Schöpfers.

Und *Handlungsziel* für den Menschen ist der durchaus Natur durch Arbeit umgestaltende Aufbau einer dienlichen, gesicherten und gegebenenfalls verteidigten und Freude erweckenden Lebenwelt, die auch einen Ausgleich zugunsten sozial benachteiligter Menschen einschließt und verhindert, daß Menschen über einer bedrückenden sozialen Lage die elementare Schöpfungserfahrung verlorengeht (Spr 14,31; Hi 31,13–15). Aber dieser Aufbau erfolgt unter möglichster Wahrung des Lebensrechtes außermenschlichen Lebens und unter unüberschreitbarer Wahrung der Dauerqualität der Schöpfungswelt im ganzen. Das ist das menschlicher Verantwortung übereignete Problem: die am Schöpfungsganzen in seiner zeitlichen Dimension orientierte Abwägung zwischen dem elementaren Bedarf des Menschen und seinen autonomen Ansprüchen, zwischen dem Notwendigen für seinen Vollzug erfüllten Lebens und dem Wünschbaren, Machbaren, aber für das Schöpfungsganze Schädlichen. In der Entscheidung dieses Problems muß sich die Sonderstellung des Menschen bewähren.

Natürliche Welt und Leben

«Etwa vom neunten Jahr an verbrachte ich jeden Sommer auf dem Gut meines Vaters, und mit vierzehn zog ich aus dem großväterlichen Haus in sein Stadthaus.

Der Einfluß meines Vaters auf meinen geistigen Werdegang war von anderer Art als der meiner Großeltern. Er kam gleichsam gar nicht vom Geiste her.

In seiner Jugend hatte der Vater starke geistige Interessen gehabt, er hatte sich ernstlich mit den Fragen befaßt, die in Büchern wie Darwins ‹Entstehung der Arten› und Renans ‹Leben Jesu› aufgeworfen worden waren; aber er widmete sich schon früh der Landwirtschaft und gab ihr immer mehr von sich her. Bald war er in dem ostgalizischen Grundbesitz eine exemplarische Erscheinung.

Als ich noch ein Kind war, brachte er von der Pariser Weltausstellung eine große Packung Zuchteier von im Osten noch unbekannten Hühnerarten mit; die hatte er die ganze Reise lang auf den Knien gehalten, damit keinem ein Schade geschehe. Sechsunddreißig Jahre lang arbeitete er mit allerhand Düngemitteln, deren spezifische Wirkungen er genau erprobte, daran, die Produktivität seiner Böden zu steigern.

Er hatte die Technik seiner Zeit auf seinem Gebiete gemeistert. Aber um was es ihm eigentlich ging, merkte ich, wenn ich mit ihm inmitten des großen Rudels herrlicher Pferde stand und ihm zusah, wie er ein Tier nach dem andern nicht etwa bloß freundlich, sondern geradezu persönlich begrüßte, oder wenn ich mit ihm durch die reifenden Felder fuhr und ihm zusah, wie er den Wagen halten ließ, ausstieg und sich über die Ähren beugte, wieder und wieder, um schließlich eine zu brechen und die Körner sorgsam zu kosten. Es ging diesem ganz unsentimentalen und ganz unromantischen Menschen um den echten menschlichen Kontakt mit der Natur, einen aktiven und verantwortlichen Kontakt. Ihn zuweilen so auf seinen Wegen begleitend, lernte der Heranwachsende etwas kennen, was er von keinem der vielen von ihm gelesenen Autoren erfahren hatte.

Auf eine eigene Weise hing mit diesem Verhältnis meines Vaters zur Natur ein Verhältnis zu dem Bereich zusammen, den man als den sozialen zu bezeichnen pflegt. Wie er am Leben all der Menschen teilnahm, die von ihm in der einen oder andern Weise abhingen, der Hofknechte in ihren nach seinen Angaben gebauten Häuschen, die die Hofgebäude umgaben, der Kleinbauern, die unter von ihm in genauer Gerechtigkeit ausgearbeiteten Bedingungen ihm Dienste leisteten, der Pächter, – wie er sich um die Familienverhältnisse, um Kinderaufbringen und Schulung, um Krankheit und Altern all der Leute kümmerte, das leitete sich von keinen Prinzipien ab, es war Fürsorge nicht im üblichen, sondern im personhaften Sinn. Auch in der Stadt verhielt mein Vater sich nicht anders. Der blicklosen Wohltätigkeit war er ingrimmig abgeneigt; er verstand keine andere Hilfe als die von Person zu Personen, und die übte er. Noch im Alter ließ er sich in die ‹Brotkommission› der jüdischen Gemeinde Lemberg wählen, und wanderte, ohne zu ermatten, in den Häusern umher, um die eigentlich Bedürftigen und ihre Bedürfnisse ausfindig zu machen; wie anders hätte das geschehen können als durch den wahren Kontakt!»

aus: Martin Buber, Begegnung. Autobiographische Fragmente, Verlag W. Kohlhammer Stuttgart, ² 1961, S. 10f.

Wird der Mensch dem folgen? Die Schöpfungsaussagen der Psalmen, die Weisheitstexte, die ältere Urgeschichte und vor allem die von P geben Bestimmungen dafür, ohne die Realität zu idealisieren. Da Bedrohungen der Lebenswelt in der entdämonisierten Welt der biblischen Zeugnisse nicht mehr von numinosen Gegenmächten, sondern nur noch vom Lebendigen selbst, vorab vom Menschen verursacht werden, wird *der Mensch* das entscheidende Problem für Bestand, Gestalt und Verwirklichung der Schöpfungswelt. Die ältere Urgeschichte hat im Blick auf den vorfindlichen Menschen eine schonungslos realistische Sicht und die abgründige These des Psychosomatikers R. Bilz, daß der Mensch das Lebewesen ist, das des Wahnes fähig ist, findet schon dort ihre Bestätigung und Bestimmung. Ps 104 nennt als einzig negatives Element die Gefährdung des Schöpfungsgeschehens durch Sünder und Frevler (V. 35), und selbst die Priesterschrift sieht die ursprüngliche Schöpfungswelt gebrochen durch das – freilich in den Regelungen des Noahsegens (Gen 9) abgefangene – Phänomen der Gewalttat. So muß im nächsten Kapitel vom Bösen die Rede sein, wie es die biblischen Schöpfungsaussagen und das Neue Testament wahrnehmen.

8. Der Mensch und das Böse

Von den psychologischen Erscheinungen Aggressionstrieb und Geschlechtstrieb, die Menschen zu Bösem treiben können, weiß die Bibel
noch nichts, wiewohl sie vielfach von menschlichen Taten berichtet,
die sich damit verbinden lassen. Auch außermenschliche Kraft und
Dynamik ist nach biblischer Sicht nicht die Quelle des Bösen und der
Mensch nicht lediglich Opfer ihrer Willkür. Böse ist vielmehr der
Mensch, der empirische, vorfindliche Mensch immer und seit jeher.
Also mit der Anlage zum Bösen, unvollkommen geschaffen? Die Bibel
sieht es anders, in den Schöpfungstexten am deutlichsten in jener älteren Urgeschichte, die mit der Erzählung vom Paradies (Gen 2–3) be-
ginnt und mit der Erzählung vom Turmbau zu Babel endet. Von ihr
muß nun die Rede sein.

Die Sicht der älteren Urgeschichte

In den ersten elf Kapiteln der Bibel ist mit der Urgeschichte der Priesterschrift, die wir im zweiten Kapitel betrachtet und in den folgenden
Kapiteln weiter bedacht haben, eine ältere, ursprünglich eigenständige
Urgeschichte verbunden, die man die «Jahwistische Urgeschichte»
nennt; im dritten Kapitel war schon kurz von ihr die Rede. Sie wird gebildet durch eine Reihe von Texten, die ursprünglich einen eigenen,
geschlossenen Erzählungszusammenhang bilden. Es sind dies vor allem: die Paradieserzählung Gen 2,4b–3,24, die Erzählung von Kain
und den Kain-Nachkommen Gen 4, eine Fassung der Sintflutge-
schichte innerhalb von Gen 6–8, die Erzählung von der Verfluchung
Kanaans Gen 9,18–27, eine Fassung der Völkertafel innerhalb von
Gen 10 und die Geschichte vom Turmbau zu Babel Gen 11,1–9. Dieser Erzählungszusammenhang ist nach weit verbreiteter Meinung der
Forschung seinerseits der *Anfang eines größeren Werkes*, des Jahwistischen Geschichtswerkes (Abkürzung: J), das im Anschluß an die Urgeschichte über die wesentliche Gelenkstelle der berühmten Gottesre-
de an Abraham Gen 12,1–3 die Frühgeschichte Israels mindestens bis
zur Landnahme erzählt hat und aus den Geschichtsbüchern des Alten

Testaments rekonstruiert werden kann. Die Datierung dieses Geschichtswerkes ist neuerdings wieder sehr umstritten; doch gibt es immer noch gute Gründe, jedenfalls seinen Kernbestand einschließlich
der Urgeschichte in die Zeit des davidisch-salomonischen Großrei-
ches, also in das 10. Jahrhundert v. Chr. zu setzen.

Auch der Jahwist gibt in dieser seiner Urgeschichte nicht eine histo-
rische Darstellung der Naturgeschichte und der menschlichen Frühgeschichte in unserem modernen Sinne, sondern schreibt in *urgeschichtlicher* Perspektive. Das heißt: auch bei ihm ist die gegenwärtige Welterfahrung, wie sie zurückschauend seit jeher war, der Ausgangspunkt,
und die Auskunft, warum diese erfahrene Welt so ist, wie sie ist, das
Ziel der Darstellung. Nach den seit jeher geltenden, allgemeingültigen,
stets bezeichnenden Grundgegebenheiten wird gefragt und die Antwort wird urgeschichtlich in der Form gegeben, daß das Aufkommen,
daß der begründende Anfang dieser Grundgegebenheiten erzählt wird
– der Anfang, von dem ab sie wirksam sind bis hinein in die gegenwärtig erfahrene Lebenswelt. Nicht genetisch-historische Anfänge, sondern allgemeingültige, bis jetzt prägende Grundgeschehnisse sind es
also, die hier nicht anders als in der Urgeschichte der Priesterschrift auf
diese Weise zur Darstellung kommen.

Allerdings – diese Grundgeschehnisse sehen in der Jahwistischen
Urgeschichte erheblich anders aus, weil J nicht wie P vor allem an der
bleibenden göttlichen Ordnung in der Lebenswelt orientiert ist, sondern an einer Welterfahrung seit jeher und jetzt, die die ganze Gebrochenheit, Doppelseitigkeit der Lebenswelt aufnimmt. Was der Jahwist
als solche doppelseitige Vorprägung der Welt in der Urgeschichte aufweist, ist mit einem Realismus und einer nüchternen Scharfsicht gesehen, die ohne Beispiel sind. Was hier an einer Kette von Anfangsge-
schehnissen erzählt wird, die, wie wir sahen, nichts einzelnes und
Punktuelles, sondern Typisches und Totales, ständig Geltendes erfassen, ist das Zustandekommen der segenslosen, segensbedürftigen Welt
vor Augen, wie sie jeder erlebt, jeder erleidet, und der Aufweis der
Gründe. Noch direkter als in seiner Erzählung der Zeit ab Abraham ist
die Weltsicht durchgehend total. Der gesamte Lebensraum der Erde
und die Menschheit im ganzen sind in Blick, und zwar unter qualitativer Perspektive: Es sind Gelingen und Erfüllung des Daseins der Menschen in ihrer Welt, worauf der Erzähler achtet. Was er da aber wahrnimmt und in urgeschichtlicher Darstellung erfaßt, ist die ganze Gebrochenheit, Minderung, Einbuße, die Leben und Welterfahrung der

Menschen prägen. Schon der berühmte Beginn dieser Urgeschichte, die Paradieserzählung, den wir im folgenden zunächst wiedergeben, zeigt dies mit aller Deutlichkeit.

Die Paradieserzählung der Jahwistischen Urgeschichte

1. Die Erschaffung und ursprüngliche Ausstattung des Menschen

Die Erschaffung des Menschen

(2,4b) Als Jahwe Gott Erde und Himmel machte (5) und es alles Gesträuch des Feldes noch nicht gab auf Erden und alles Kraut des Feldes noch nicht sproßte, weil Jahwe Gott (noch) nicht hatte regnen lassen auf die Erde, und (als) es noch keinen Menschen gab, den Erdboden zu bebauen, (6) und (noch) ein Quellstrahl (?) aufstieg aus der Erde und die ganze Oberfläche des Erdbodens tränkte, (7) da bildete Jahwe Gott den Menschen aus Erdkrume vom Erdboden und blies Lebensodem in seine Nase; so wurde der Mensch ein lebendes Wesen.

Die Einrichtung von Lebensraum und Wirken für den Menschen

(8) Dann pflanzte Jahwe Gott einen Garten in Eden im Osten und verbrachte dorthin den Menschen, den er gebildet hatte. (9) Und Jahwe Gott ließ aus dem Erdboden wachsen allerlei Bäume, begehrenswert anzusehen und gut zu essen, und den Baum des Lebens inmitten des Gartens und den Baum der Erkenntnis von Gut und Böse. (10) Ein Strom aber geht aus von Eden, den Garten zu bewässern, und von dort teilt er sich und wird zu vier Armen: (11) der Name des ersten ist Pischon; er ist es, der das ganze Land Hawila umfließt, wo es Gold gibt, (12) und das Gold jenes Landes ist köstlich; dort gibt es Bdellionharz und Schohamstein; (13) der Name des zweiten Flusses aber ist Gichon; er ist es, der das ganze Land Kusch umfließt; (14) der Name des dritten Flusses ist Hiddekel; er ist es, der östlich von Assur fließt; und der vierte Fluß, das ist der Euphrat. (15) Und Jahwe Gott nahm den Menschen und setzte ihn in den Garten Eden, um ihn zu bebauen und zu bewahren.

Die Regelung des Daseinsvollzuges für den Menschen

(16) Und Jahwe Gott gebot dem Menschen: «Von allen Bäumen des Gartens darfst du essen; (17) von dem Baum der Erkenntnis von Gut und Böse aber sollst du nicht essen; denn sobald du von ihm ißt, wirst du sterben!»

Die Gewährung von Gemeinschaft für den Menschen

(18) Und Jahwe Gott sprach: «Es ist nicht gut, daß der Mensch allein ist; ich will ihm eine Hilfe machen, die zu ihm paßt.» (19) Da bildete Jahwe Gott aus dem Erdboden alle Tiere des Feldes und alle Vögel des Himmels und brachte sie zum Menschen, um zu sehen, wie er sie nennen würde; und ganz wie der Mensch sie nennt, so soll ihr Name sein. (20) Und der Mensch gab Namen allem Vieh und allen Vögeln des Himmels und allem Wildgetier des Feldes; aber für den Menschen fand man keine Hilfe, die zu ihm paßte. (21) Da ließ Jahwe Gott einen Tiefschlaf auf den Menschen fallen, so daß er einschlief, und nahm eine von seinen Rippen und verschloß ihre Stelle mit Fleisch. (22) Und Jahwe Gott baute die Rippe, die er aus dem Menschen genommen

hatte, aus zu einer Frau und brachte sie zum Menschen. (23) Da sprach der Mensch: «Diese ist endlich Gebein von meinem Gebein und Fleisch von meinem Fleisch; diese soll Frau genannt werden; denn vom Manne ist sie genommen!» (24) Darum wird ein Mann seinen Vater und seine Mutter verlassen und wird an seiner Frau hangen, und sie werden ein Fleisch. (25) Und es waren die beiden, der Mensch und seine Frau, nackt, aber sie schämten sich nicht voreinander.

2. Die Übertretung

(3,1) Die Schlange aber war klüger als alle Tiere des Feldes, die Jahwe Gott gemacht hatte. Sie sprach zur Frau: «Sollte Gott wirklich gesagt haben: ‹Ihr dürft nicht von allen Bäumen des Gartens essen!›?» (2) Da sprach die Frau zur Schlange: «Wir dürfen essen von den Früchten der Bäume des Gartens, (3) aber von den Früchten des Baumes, der in der Mitte des Gartens steht, hat Gott gesagt: ‹Eßt nicht davon und rührt sie nicht an, damit ihr nicht sterbt!›.» (4) Da sprach die Schlange zur Frau: «Ihr werdet mitnichten sterben! (5) Vielmehr weiß Gott: sobald ihr davon eßt, da werden eure Augen aufgetan, und ihr werdet sein wie Gott, wissend Gut und Böse.» (6) Und die Frau sah, daß von dem Baum gut zu essen und daß er eine Lust für die Augen wäre und begehrenswert, insofern er klug macht; und sie nahm von seinen Früchten und aß und gab auch ihrem Manne bei ihr, und er aß.

3. Die Folgen

Die Wirkung der verbotenen Frucht

(7) Da wurden beider Augen aufgetan, und sie erkannten, daß sie nackt waren; da nähten sie Feigenlaub zusammen und machten sich Schurze. (8) Als sie nun das Geräusch hörten, wie Jahwe Gott sich bei der Abendbrise im Garten erging, da versteckten sich der Mensch und seine Frau vor Jahwe Gott inmitten der Bäume des Gartens. (9) Jahwe Gott aber rief den Menschen und sprach zu ihm: «Wo bist du?» (10) Der aber sprach: «Ich habe einen Laut von dir gehört im Garten, da fürchtete ich mich, weil ich nackt bin, und verbarg mich.» (11) Er aber sprach: «Wer hat dir gesagt, daß du nackt bist? Hast du etwa von dem Baum gegessen, von dem ich dir gebot, von ihm nicht zu essen?» (12) Da antwortete der Mensch: «Die Frau, die du mir beigesellt hast, sie hat mir gegeben von dem Baum, so daß ich aß.» (13) Da sprach Jahwe Gott zur Frau: «Was hast du getan?» Die Frau antwortete: «Die Schlange hat mich getäuscht, so daß ich aß.»

Die Verfluchung

(14) Da sprach Jahwe Gott zur Schlange: «Weil du dies getan hast, verflucht bist du fort von allem Vieh und allem Wildgetier des Feldes; auf deinem Bauche sollst du kriechen und Erdkrume sollst du fressen alle Tage deiner Lebenszeit. (15) Und Feindschaft will ich setzen zwischen dir und der Frau, zwischen deinem Nachwuchs und ihrem Nachwuchs; er wird dir nach dem Kopf haschen und du wirst ihm nach der Ferse schnappen.» (16) Und zur Frau sprach er: «Ich will zahlreich machen deine Mühsal in deiner Schwangerschaft; in Beschwer sollst du Kinder gebären; zu deinem Manne hin sei dein Verlangen; er aber soll herrschen über dich!» (17) Und zum Menschen sprach er: «Weil du auf die Stimme deiner Frau gehört hast und gegessen hast von dem Baum,

von dem ich dir geboten hatte: ‹du sollst nicht von ihm essen!›, verflucht ist der Erdboden um deinetwillen; mit Mühsal sollst du von ihm essen alle Tage deiner Lebenszeit. (18) Dorngestrüpp und Disteln soll er dir tragen, und das Kraut des Feldes sollst du essen; (19) im Schweiße deines Angesichts sollst du Brot essen, bis du zum Erdboden zurückkehrst, weil du von ihm genommen bist; denn Erdstaub bist du und zum Erdstaub sollst du zurückkehren.»

Die Vertreibung
(20) Der Mensch aber nannte den Namen seiner Frau Hawwa; denn sie wurde die Mutter aller Lebenden. (21) Und Jahwe Gott machte dem Menschen und seiner Frau Fellkleider und bekleidete sie. (22) Und Jahwe Gott sprach: «Siehe, der Mensch ist geworden wie unsereiner, daß er Gut und Böse weiß; nun aber: daß er nur nicht seine Hand ausstrecke und auch noch von dem Baum des Lebens nehme und esse und ewig lebe!» (23) So wies ihn Jahwe Gott aus dem Garten Eden fort, daß er den Erdboden bebaue, von dem er genommen war. (24) Und er vertrieb den Menschen und ließ östlich vom Garten Eden die Cheruben sich lagern und die Flamme des zuckenden Schwertes, um den Weg zum Baum des Lebens zu bewachen.

(Übersetzung und Gliederung aus: O. H. Steck, Die Paradieserzählung, 1970)

Überblickt man die Jahwistische Urgeschichte über diesen Text hinaus im ganzen, so zeigt sich: Auf der einen Seite sieht der Erzähler den Menschen ausgestattet mit natürlichen Gegebenheiten, die menschliches Dasein bestimmen und in ihrer unverfügbaren, elementar-positiven Zugewandtheit nicht als vom Menschen selbst herbeigeführte oder herbeiführbare erfahren werden. Ausstattungen, die vielmehr Zeichen gütiger Gewährung durch Jahwe den Schöpfer sind: daß der Mensch sich am Leben findet – Mann, Frau, Kinder; daß Menschen die ganze Erde bevölkern (9,19; 10 J); daß die Erde, auf der der Mensch weilt, als Lebensraum gegeben ist (2,4b; 8,22; 9,19) mit seinen stabilen, lebenswichtigen Rhythmen «Saat und Ernte, Kälte und Hitze, Sommer und Winter, Tag und Nacht» (8,22); daß für Ernährung und Kleidung Kulturland mit anbaufähigem Boden und Weideland (2,5; 3,17–19; 4,2), mit Tieren (2,19f; 4,2; 6–8 J) und Nutzpflanzen (2,5; 3,17–19; 4,2.12) bis hin zum «tröstenden» Weinstock (5,29; 9,20) zur Verfügung ist. Eine Elementarperspektive aus der Sicht des bäuerlichen Menschen Palästinas, die die Totale der Welt als Umfeld des Menschen in seinen grundlegenden, unerläßlichen Daseinsbedingungen erfaßt, und zwar als kontinuierliches, in seinen Anfängen fixiertes, fortan stetiges Geschehen. Es umschließt den Menschen ständig und wird angesichts des unableitbaren Wunders seines Lebens und seiner natürlichen Lebensausstattung wahrgenommen als ganzheitlicher, am Grundwert Leben orientierter, stets vorgegebener Vorgang. Dieser Vorgang hat als solcher die Qualität eines Gabegeschehens durch Jahwe den Schöpfer. Aber das ist nur die eine Seite. Diese Perspektive filtert nicht die negativen Züge aus der menschlichen Lebenswelt vor Augen heraus, sie schließt auch die negativen Vorprägungen voll ein. Der Erzähler sieht diese Lebenswelt, in der sich der Mensch bewegt, nicht minder bestimmt durch Einbußen, Minderungen, Beschwernisse, die der Mensch in ihrer Ungunst desgleichen nicht als selbstverfügte, als direktes Ziel eigener Aktivität versteht. So in der Abfolge der Jahwistischen Urgeschichte in Gen 2–11: Die Isolierung der Schlangen aus dem Zusammenleben der Tiere und ihre stetige Gefährlichkeit für den Menschen (3,14f.). Die Beschwernis des Geburtsvorgangs für die Frau und ihre Unterordnung unter den Mann als Gebieter (3,16). Die ganze lastende Mühsal der Ackerarbeit des Mannes im Anbau des Bodens, der von sich aus nur Unkraut trägt (3,17–19). Die Tatsache, daß es Menschen gibt, die ohne eigenen Kulturlandanteil leben müssen als Nomaden oder in Städten und ihr Leben durch Herdenhaltung oder Spezialberufe (Musikanten, Metallverarbeitung) fristen (4,17–24). Die nicht minder negativ qualifizierte Erscheinung, daß sich das Zusammenleben der Weltbevölkerung als Über- und Unterordnung von Menschen (9,18–27), als Zerstreuung ihrer Siedlungsgebiete über die ganze Erde (10 J; vgl. 11,8.9) und als Trennung in verschiedene, Verstehen und Handlungseinheit hindernde Sprachen (11,19) darstellt. – Hier also die andere Seite der Lebenswelt – voll von negativen Vorprägungen, wie sie sich gegenüber positiven Leitbildern des bäuerlichen Menschen zeigt, der in dörflichen Gemeinschaften auf der Basis von Sippen- und Stammeszusammenhängen lebt. Demgemäß ist das vorfindliche Leben des Menschen schlechthin schon in den natürlichen Daseinsbedingungen der Lebensweitergabe, erst recht aber in den Beziehungen zwischen Menschen, in den ökonomischen und kulturellen Entwicklungen der konkreten Lebenserhaltung (Ernährung, Wohnweise, Arbeit, Verständigung) und – nicht ohne Blick für Umweltbedrohung – innerhalb der Tierwelt (3,14) nicht als fortschreitende Höherentwicklung, sondern als Einschränkung und Minderung gesehen, die alles menschliche Dasein belasten und gefährden. Auch die sogenannten «kulturellen Errungenschaften», die die Jahwistische Urgeschichte aus der Tradition aufnimmt – Kleidung (3,7), Städtebau (4,17), Zelte (4,20), Musikinstrumente (4,21), Metallverarbeitung (4,22) und der Turmbau (11,1ff.) – sind für den Erzähler nicht positive

Indizien des Fortschrittes, sondern menschliche Anstrengungen, die Überleben sichern aufgrund von schuldhafter Lebensminderung (Gen 3;4) oder selbst Gestaltwerdung von Schuld (Gen 11).

Diese doppelseitige Vorprägung der Lebenswelt ist für den Erzähler Ausdruck ihrer eklatanten Segensbedürftigkeit. Aber sie ist kein Verhängnis, dem Menschen inszeniert, um davon Jahwes Segen wirkungsvoll abzuheben; sie ist in dieser Doppelseitigkeit willentliches Geschehen, das seine *Gründe* hat.

Bei der Frage nach diesen Gründen kommt für den Jahwisten der Mensch und seine Bosheit in Sicht. Um die Gründe für den allseits erlebten Vorgang Welt in all seiner Gebrochenheit in der Urgeschichte aufzuweisen, stößt die Perspektive des Erzählers zunächst durch zu einem ursprünglichen Bild dieser Lebenswelt ohne die Minderungen, Einbußen und Einschränkungen, die vorfindliches Dasein kennzeichnen. Diese dem Menschen ursprünglich bestimmte Lebenswelt zeigt er als Anfang seiner Urgeschichte in dem Schöpfungsabschnitt der Paradieserzählung: Gen 2,4b–25.

Auch für diese ursprüngliche Lebenswelt ist durchaus eine Totalperspektive maßgebend, insofern das gesamte Umfeld der konstitutiven, natürlichen Daseinsbedingungen jedenfalls des Menschen erfaßt wird, auch wenn dieses Umfeld noch nicht die umfassende Reichweite «Himmel und Erde» hat. Der Erzähler greift hier die unabdingbaren, gewährten, in ihrem Gegebensein nicht machbaren, elementaren Vorgaben menschlichen Daseins auf und sieht sie in ihrer ungeminderten Gestalt als Schöpfungsgeschehen Jahwes für den Menschen: Das unverfügbare Am-Leben-Sein des Menschen (2,7). Seine Ausstattung mit einem Lebensraum, der nicht die risikoreiche, lebensentscheidende Regenabhängigkeit aufweist, sondern eine ständig sichere Bewässerung hat (2,5f.). Eine Nahrungsversorgung, die nicht die mühselige Feldarbeit abfordert, sondern in einem Baumgarten mit köstlichen Früchten zum Zugreifen gegeben ist (2,8f.). Ein Tätigsein, das dem Menschen nicht die ganze Last der um Nahrung sorgenden Arbeit abverlangt, sondern das unbeschwert-erfüllende Wirken zur Hege und Pflege dieses – jetzt freilich für immer verschlossenen (3,23f.)! – Gartens (2,15). Eine menschlichen Daseinsvollzug leitende Orientierung an der Weisung dessen, der Leben und Lebensausstattung gibt (2,16f.), und die Gewährung von Gemeinschaft mit anderem Lebendigen – mit Tieren, die der Mensch benennend in seine Lebenswelt einordnet (2,18–20) und, als vollendete Entsprechung bejubelt, mit der Frau

(2,21–25). Auch wenn es ganz aus der Sicht des Menschen gesehen ist, schließt dieses Bild doch gewiß ein, daß auch in der Pflanzenwelt und in den Lebenswelten der Tiere jede Minderung, schon gar durch menschlichen Eingriff, ausgeschlossen ist. Was der Erzähler hier zeichnet, ist eine elementare, vollkommene Welt des Lebendigen; aber man muß beachten, was der Antrieb dazu ist. Nicht science fiction gleichsam nach rückwärts, nicht das illusionäre Gedankenspiel bäuerlicher Wunschträume von Vollkommenheit unter Abblendung negativer Welterfahrungen zu einem Bild zu malen, das nirgends Realität ist und es im Sinne des Erzählers so auch nie mehr werden kann (3,23f.). Der Antrieb ist vielmehr ein kritisches Sachurteil über die vorgefundene (!) Erfahrungswelt; ihr wird das Gegenbild ursprünglicher Schöpfungswelt entgegengehalten. Einer solch vollkommenen Lebenswelt, wie sie dem Menschen, aber nicht minder der Pflanzen- und Tierwelt gemäß ist, entspricht nämlich, daß der Mensch die ihm gewährten Lebensbedingungen nicht als Mittel und Material für seinen autonomen Willen sieht, sondern als einen ihm widerfahrenden, auch sein Wirken einschließenden Vorgang, der Gabe ist, in dem vor seinem Zutun deshalb Wert und Sinn seines Daseins von Jahwe für ihn gewährt sind; somit bestimmt sich auch allein aus der Orientierung an Jahwe, was dem Menschen gut und förderlich ist und was nicht. Daß der, der die grundlegenden Lebensausstattungen gewährt, auch allein weiß, was dem Menschen gut ist (2,18!), daß Lebensvergabe und Sinn-, Wert- und Zielsetzung menschlichen Daseins zugunsten einer vollkommenen Lebenswelt in einer Hand sein müssen (2,16f.18) – in der Hand Jahwes, das ist das Sachurteil, das der Erzähler mit seiner einleitenden Darstellung der Erschaffung des Menschen im Paradies fällt.

Die vorfindliche Welt allerdings ist nicht mehr so, sondern voller Überschattung, Minderung, Störung dieser ursprünglichen, allein der Initiative Gottes entsprungenen Lebenswelt. Eben dies führt der jahwistische Erzähler fernab jedes Verhängnisgedankens deshalb in der ganzen Urgeschichte als Folgegeschehen auf die *Art des Menschen* zurück, der insgesamt und seit jeher nicht an der Hand Jahwes und der vorgeordneten göttlichen Sinn- und Wertsetzungen bleibt, sondern der dem Wahn folgt, von Gott losgerissen selbst und autonom an sich und seinen selbstgesetzten Interessen orientiert bestimmen zu können, was seinem Dasein förderlich und abträglich ist, also selbst «Gut und Böse zu wissen». Die Unterwerfung der Lebenswelt unter die Interessen und Wertsetzungen des sich von Gott lösenden Menschen ist es, die im Sinne des Erzählers zu der tiefen Beschädigung und Minderung der geschaffenen Lebenswelt führt, wie es vor aller Augen ist. Diese Art des vorfindlichen Menschen, dessen «Planungen seines Herzens ständig ausschließlich böse» sind, wie der Erzähler in den Rahmenstücken des Sintflutberichtes feststellt (6,5;8,21), äußert sich in dem Aufbegehren der Menschheit gegen Gott, das der Erzähler zu Beginn (3,1ff.) und am Ende der Urgeschichte (11,1–9) zeichnet, und nicht minder in der Beschädigung der zwischenmenschlichen Beziehung, wie sie in der Beschuldigung Evas (3,12), in Kains Brudermord (4,1ff.) und in Kanaans Frevel (9,18ff.) sichtbar wird. Des Menschen Art und Wahn autonom selbstbestimmender Zielsetzung im Umgang mit seiner natürlichen Lebenswelt sind allein die Quelle des Bösen; sie sind es, die dieser Lebenswelt in ihrer ursprünglichen Ausstattung Schaden zufügen, angefangen von der Gemeinschaft zwischen Mann und Frau (3,7ff.) und Mensch und Tier (3,13) bis hin zu all den Einbußen und Minderungen, die, wie wir sahen, der Erzähler als negative Vorprägungen wahrnimmt. Und wozu dies alles? Um den realistischen Ausgangspunkt festzulegen nicht für die prometheische Selbstanstrengung des Menschen, paradiesische Zustände wiederherzustellen, sondern für den gehorsamen Eintritt in die den vorfindlichen Menschen und seine gebrochene Lebenswelt verwandelnde Bewegung des Segens, die der Erzähler durch Gott seit Abraham eröffnet sieht (12,1–3). Also nicht im Bereich der Triebkräfte, die der Mensch mit den Tieren gemeinsam hat, sieht der Jahwist das Böse – die Verbindung der allgemeinen Sünde, der Erbsünde mit dem Geschlechtstrieb ist völlig unbiblisch –, sondern weit umfassender in der Frage, woran sich der Mensch orientiert – an sich selbst,

seinen autonomen Interessen, Bestimmungen, Vorstellungen und auch Trieben, oder an Gott, der ihm das Leben gab, und an Gottes vorgegebenem Tun und Ordnen für ihn. Kann der Mensch das Böse selbst überwinden? Schon der Jahwist sagt Nein und findet einen Ausweg nur darin, daß Gott selbst bei Abraham neu die Initiative ergreift und abermals eröffnet, was für den Menschen gut ist (12,1–3). Eine Verschärfung dieser Sicht zeigt das Neue Testament angesichts der Kreuzigung des Mensch gewordenen Gottes. Davon muß nun im Folgenden die Rede sein.

Die Sicht des Neuen Testaments

In der werthaft-ganzheitlichen Perspektive der Bibel, die alle naturgeschichtlich bestimmten Prägungen der Moderne weit übergreift, hatten schon die alttestamentlichen Aussagen, die wir betrachtet haben, unterschieden zwischen dem Schöpfungsgeschehen und der konkreten Weltwirklichkeit. Ersteres hat sich, obwohl bleibend wirksam, verschlechtert zu letzterer. In der Priesterschrift durch das Vergehen der Gewalttat mit menschlichen wie tierischen Tätern, in Ps 104 durch das Treiben der sich von Gott lösenden Frevler (V. 35), in der Jahwistischen Urgeschichte durch die autonome, gegen Gott, seinen Schöpfer, gerichtete Selbstbestimmung des Menschen – eine Orientierung an den eigenen Interessen, die jedem Menschen eigen, die menschliche Art ist. Das Neue Testament kündet ein Geschehen, in dem die Bosheit der Menschen in letzter Abgründigkeit wirksam geworden ist: Gott ist in Jesus Mensch geworden und hat sich in unüberbietbarer Unmittelbarkeit in die Welt begeben; aber er wird abgelehnt, ausgestoßen, getötet. An diesem Geschehen ist nun in radikaler Schärfe offenkundig geworden, welch tiefe Kluft zwischen der vorfindlichen Welt als Schöpfungsgeschehen und – auf dieser Grundlage – der vorfindlichen Welt als vom Menschen gestaltetes Weltgeschehen besteht. Jesus spricht davon, daß der Mensch böse ist (Mt 7,11; 12,34; vgl. 12,45; Mk 8,38; 9,19), und im Johannesevangelium und bei Paulus kommt es angesichts dessen zu einer geradezu terminologisch fixierten Doppelperspektive der vorfindlichen Welt, die zwischen «Schöpfung» und «der Welt», «dieser Welt» unterscheidet (vgl. z. B. Joh 12,31; 14,30; 15,19; 16,8.11; Röm 5,12ff.; 2Kor 4,4.18; Gal 4,3). Letztere gibt, wie in der Kreuzigung Jesu offenkundig, der vorfindlichen Welt ihr Gepräge als *das Geschehen autokratischer Selbstverwirklichung des Menschen* in der Gestaltung *seiner* Welt im politischen, sozialen, persönlichen und nicht minder im natürlichen Bereich. Die vorfindliche Schöpfungswelt ist damit gezeichnet von der stetig prägenden und mindernden Verdrängung, Mißachtung, Ersetzung Gottes durch den an sich orientierten, auf sich und seine Interessen, Zielsetzungen, Sicherungen autonom bedachten Menschen. Das Neue Testament kann dieses «Welt» bestimmende Geschehen, in dem der Mensch seine geschöpfliche Sonderstellung in der Schöpfungswelt seit jeher pervertiert, sich an die Stellung des Schöpfergottes setzt und sich in Wahrheit an den Geschöpfen, an Extrapolationen eigener Sinnbestimmung (Röm 1,25) orientiert, geradezu als Errichtung eines Machtraumes der Gott verdrängenden *Sünde* sehen, den der Mensch durch sein Tun gleichsam ständig ‹auflädt› und dem er selbst zugleich unentrinnbar verfallen ist. Wenn das Neue Testament in diesem Zusammenhang von der Macht der Sünde, von Dämonen und Satan als Welt beherrschenden Mächten spricht, so sind keine Zwischenwesen gemeint, die Gottes Wirken begrenzen und den Menschen verhängnishaft belasten. Es sind Erfassungen der vom Menschen gespeisten und ihn zugleich verstrickenden Macht seiner gegen Gott gerichteten, autonomen Sinnbestimmung. Entsprechend ist Welt in diesem neutestamentlichen Sinne vorwiegend die Menschenwelt und als dieses negative Geschehen alles, worauf sich menschliches Tun und Trachten in Loslösung von Gott richtet. Eingeschlossen die Minderungen elementaren menschlichen Lebens – man denke an Jesu Zusage der *Sündenvergebung* (!) angesichts von *Heilungsbitten*. Eingeschlossen auch die geschaffene, natürliche Welt, die der Mensch mit in dieses von ihm bestimmte Weltgeschehen reißt, wie Paulus in Röm 8,20 ausdrücklich hervorhebt und darin die außermenschliche Schöpfung nicht als bloßes Mittel menschlicher Lebensführung, sondern wie das Alte Testament als geschaffene sieht, die aus dem Schöpfungsgeschehen Gottes gegenüber dem Menschen eigenständige Größe und Wert hat.

Gewiß, Paulus hat noch nicht die Überlebenskrise der natürlichen Welt heute vor Augen und das Neue Testament nicht eine Gestalt «dieser Welt», in der das Geschehen autonomer menschlicher Weltwahrnehmung auf die Zerstörung selbst der geschaffenen, vorgegebenen, natürlichen Lebensgrundlagen des Lebendigen zutreibt. Aber im Sinne des Neuen Testaments kann doch kein Zweifel sein, daß auch diese uns heute vor allem herausfordernde Situation angesichts des Kreuzes Christi Gestaltwerdung menschlicher Bosheit in ihrem Sog und in ihrer Macht ist. In dieser Bosheit vertreibt das Geschöpf

Mensch Gott nun selbst noch aus den elementaren Bereichen stetiger
Gewährleistung des Lebendigen zugunsten seiner selbstgesetzten und
selbstorientierten Sinnbestimmungen. Dieses Tun des Menschen geschieht nicht schon durch naturwissenschaftliche Erkenntnis als solche, nicht durch arbeitende Weltverwandlung und technisch-wirt-
schaftlich-industrielle Weltnutzung als solche. Es geschieht aus dem
dahinter stehenden Antrieb ohne Maß, jetzt für sich eine selbstgesetzte, ständig anspruchsvollere Sinnwelt aufzubauen oder festzuhalten –
in Ausnutzung der jetzt (noch) gegebenen, natürlichen Lebensausstattungen und unter Mißachtung des stetigen, auch in die künftige Zeit
zielenden Schöpferwillens und seiner Sinnsetzung für Lebensgewährleistung in der gesamten Schöpfungswelt.

Im Sinne des Neuen Testaments deckt das Kreuz Jesu Christi diese
unsere Situation, die heute vielfach analysiert und in ihrer Herkunft
aus dem Verursacher Mensch erkannt ist, auf als *Manifestation der
Sünde*, der menschlichen, Gott verdrängenden Art, als konsequente
Gestalt der vorfindlichen Welt als «Menschenwelt». Das Kreuz Christi deckt auf, daß der Mensch nicht wegen seiner Natur überlegen ge-
staltenden Sonderstellung in der natürlichen Welt Verursacher dieser
unserer Situation ist, sondern in Macht der Sünde wegen seiner Ver-
werfung Gottes als der ihm gewiesenen Orientierung, Sinn-, Wert-
und Normbeziehung aus der elementaren Schöpfungswelt als ganzer,
der er selbst wie alles Lebendige sein natürliches Leben verdankt. Und
das Kreuz Christi deckt auch auf, daß sich die Menschenwelt aus dieser
Tendenz zu solcher Zerstörung der elementaren Lebenswelt bis hin zu
den Schöpfungsgrundlagen des eigenen Lebens nicht selbst und aus
sich heraus befreien kann – weder durch gesteigerte naturwissenschaftliche Untersuchungen noch durch gezielte pragmatisch-technologi-
sche Maßnahmen, so zerstörungshindernd wesentlich sie in jedem
Einzelfall sind, noch aus dem Erschrecken vor der offenkundigen Bedrohung der Lebenswelt in ihrem Gesamtbestand und Fortbestand.
Und zwar deshalb nicht, weil die Wahrung der Interessen des einzelnen, der Menschengruppen, Völker, die Orientierung aller an je ihrem
gewünschten, erreichten, suggerierten, gesteigerten Lebenssinn selbst
bei gemeinsamer, aus dem Schrecken geborener Vernunft und Einsicht
nicht zu einer gemeinsamen Praxis führen, in der Menschen sich und
ihr Handeln selbst auf Gott hin überschritten (Röm 1,20ff.): Das
Zeugnis des Neuen Testaments ist darin einhellig, hart und kompro-
mißlos, *daß der Mensch den Machtraum seiner Sünde selbst nicht über-*

schreiten kann! Das Kreuz Jesu Christi deckt also gleichsam eine zweite Bestimmung für die Herkunft des Menschen und alles Lebendigen neben der Schöpfung auf: die Herkunft aus der eigenen, menschlichen Machtwelt der Sünde, aus der selbsterrichteten, ständig in Kraft gehaltenen, alles in sich hineinreißenden Gegenwelt des Menschen gegen Gottes Ordnung!

Aber auch darin ist das Neue Testament ganz einhellig: Diese Gegenwelt, dieser Machtraum der Sünde und damit die inneren und äußeren Bestimmungen menschlichen Lebens aus «dieser Welt» können nur überschritten werden in der glaubenden Aufnahme Jesu Christi und der Orientierung und Identifizierung des eigenen Lebens, die er anstelle autonomer Selbstverwirklichung bewirkt. Sie können nur überschritten werden in der glaubenden Anerkenntnis der Schuld und Aufnahme der Sündenvergebung Jesu, seiner Sinnbestimmung des Lebens, seiner Erschließung nahegekommener Gotteszukunft für alle jeweils einzelnen, die an ihn glauben.

Jesus und die neutestamentlichen Zeugen geben sich nirgends der Illusion hin, daß alle Menschen Jesus Christus glaubend aufnehmen. Sie geben deshalb auch nirgends der Illusion Raum, daß sich diese Menschenwelt unter der Verkündigung des Evangeliums, von eigenen Anstrengungen ganz zu schweigen, in eine unversehrte Schöpfungswelt zurückverwandeln könnte. Das Schöpfungsgeschehen bleibt im Rahmen der Menschenwelt ein gemindertes, beschädigtes, verdrängtes, bedrohtes Geschehen. Ist also Resignation und Endzeiterwartung auf eine künftige, bessere Welt Gottes alles, was von der Sonderstellung des Menschen und seiner Verantwortung in der Schöpfung heute bleibt? Die Hinweise, die das Neue Testament gibt, gehen in andere Richtung; sie setzen die alttestamentlichen Aussagen für den Christen in gewandelter Perspektive in Kraft. Davon soll das folgende Kapitel handeln.

9. Die Schöpfungsverantwortung des Christen

Die Zukunft der Schöpfungswelt

Faßt man Zukunft im Sinne der Erwartung, daß es menschlicher Anstrengung, Fortschritt, Einsicht, Solidarität, Technik letztendlich gelingen werde, bis hinein in den Bereich der natürlichen Lebenswelt und ihrer Lebensausstattung eine heile, gute, gerechte und sinnhafte Welt zu schaffen, dann ist die Position des Neuen Testaments wie schon der Prophetien des späten Alten Testaments ganz einhellig und eindeutig: In diesem Sinne hat die vom Menschen gebrauchte natürliche Welt und Umwelt, hat menschliches Leben keine Aussicht und Zukunft, sondern: Eben diese Welt in eben dieser Dynamik vergeht! (vgl. z. B. Mt 24,3; Joh 16,33; 18,36; 1 Kor 7,31; Gal 1,4). Dem Neuen Testament ergibt sich diese Sicht, nicht weil es den Menschen und seine Möglichkeiten in antiker Beschränkung zu wenig kennt, sondern weil es ihn zu gut kennt. Das Christusgeschehen deckt den Wahn auf, wie er dem Menschen eigen ist: Er erdenkt sich eine vollkommene Welt, sucht sie in maßlos überschätzender Selbstorientierung durchzusetzen und scheitert mit seinem Wahn machbarer Vollkommenheit in Lebenszerstörung, in Sinnverlust, im Kampf der Ideen, Interessen und Mittel, in Gewalt – offen oder in vielfältiger Gestalt verkleidet. Dieser Wahn pervertiert die gute Schöpfungswelt Gottes in eine Leidenswelt, er brutalisiert den Menschen mit seinem autokratischen Drang nach eigener Selbstbestimmung in seinen zwischen- und außermenschlichen Beziehungen und ist Verstoßung Gottes, die ihren schärfsten Ausdruck in der Tötung des in Jesus zugewandten Gottes am Kreuz findet.

Wenn Gott Gott bleiben soll, der als welttranszendenter Schöpfer unverfügbar alles Lebendige gewährleistet und als Lebensspender auch die Sinnerfüllung in einer heilen und gerechten Lebenswelt für alles Lebendige gründet, dann ist dem Glaubenden die Aussage des Neuen Testaments nur folgerichtig, daß die heile und gerechte Lebenswelt Gottes nicht sein kann, solange dieser Wahn des Menschen in all seinen Erscheinungen und Materialisationen bis hinein in die natürliche Welt in Kraft ist. Anders gewendet: Dann ist folgerichtig, daß das

Neue Testament diese Wahnwelt nicht endlicher Vollkommenheit, sondern ihrem *Ende* zugehen sieht, an dem Gott richtet und vernichtet. Dies kommt in den Aussagen vom Endgericht, vom Vergehen dieser Welt bis hin zu Aussagen über den Untergang der vorfindlichen Welt (in der Johannesapokalypse) zum Ausdruck.

Faßt man hingegen Zukunft der Welt und des Lebendigen in ihr in dem Sinne, daß Gott trotz der menschlichen Wahnwelt nicht zum Opfer des Menschen wird und sein Vorhaben mit dem Geschaffenen nicht an der Gegenwehr des Menschen scheitert, dann haben die Schöpfungswelt und das Lebendige in ihr gewiß eine sinnerfüllte Zukunft in Vollkommenheit. Wiederum ist das Zeugnis des Neuen Testaments ganz einhellig: Gott, der diese natürliche Welt geschaffen hat und stetig gewährleistet, wird sein Tun und sein Vorhaben in einer gerechten und heilen Lebenswelt auch zu einem definitiven Ziel führen. Diese Zukunft ist es, die Gott angesichts einer zu Tode verstrickten Welt durch sein Kommen im Menschen Jesus von Nazareth aufgetan hat – für alle Menschen, die ihn aufnehmen, und mit ihnen für die ganze Schöpfungswelt. Eine Zukunft, die das Neue Testament auf vielfältige Weise mit Begriffen wie «*Reich Gottes*», «ewiges Leben», «Herrlichkeit», «Unvergänglichkeit» bis hin zu den detaillierten, metaphorisch gefaßten Vorgängen in der Johannesapokalypse zur Sprache zu bringen sucht.

Diese Zukunft ist für das Zeugnis des Neuen Testaments freilich nicht eine Rückführung der Welt in das ungeminderte Schöpfungsgeschehen, nicht eine Wiederholung des Schöpfungsgeschehens, nicht dessen Verbesserung, und schon gar nicht ein Zustand, der sich unter Mitwirkung der Glaubenden, bestimmter Staatsordnungen, Gesellschaftsformen, Sozialbedingungen, Alternativbewegungen seit dem Kommen Christi stetig und immer stärker aus dem Bestehenden entwickeln ließe. Diese Zukunft ist ein neues Geschehen endgültiger Art, das in Vollkommenheit verwirklicht, was Gottes Schöpfung von Anfang an vorhat. In ihr vollendet sich die Feststellung von Gen 1,31: «Und Gott sah an alles, was er gemacht hatte, und siehe, es war sehr gut». Ja, in der Erschließung der Heilszukunft in Christus wird allererst offenkundig, was Schöpfung ist: nicht ein Aussenden des Lebendigen auf den Weg des Scheiterns, sondern auf den Weg zu seinem Heil.

Wie das Schöpfungsgeschehen seit Anfang, wie das Christusgeschehen, so ist auch die Errichtung dieser künftigen Welt Gottes *allein Gottes Tun*, das gerade als solches der Selbstverstrickung des Men-

figura p̄senſ hoc p̄ten dit. qđ om̄ſ ſc̄i ab exordio
mundi uſq; aduentū x̄ In fide crucis xp̄i pepen
dert. ⁊ crucifixū p fi guraſ q̄ſi ex parte vi
debant. Ynde facie̅ mai : pede apparet

schen entgegentritt, der in seiner Weltgestaltung autokratisch frevelnd Gott und Mensch, Schöpfer und Geschöpf verwechselt. «Reich Gottes» im Sinne des Neuen Testaments ist deshalb von grandios-infantilistischen Vollkommenheitsutopien, die Wünschbares maximieren, ohne des Menschen Realität zu bedenken, ebenso zu trennen wie von den – notwendigen! – realistischen Zielprojektionen politisch-gesellschaftlich-sozialer Verbesserungen und ökologischen Korrekturen vorhandener Zustände. Eine Überführung des «Reiches Gottes» in derartige Vor-Bilder und damit die Überführung Gottes in die besseren Möglichkeiten des Menschen wäre angesichts der neutestamentlichen Zeugnisse nur eine erneute Manifestation des Wahnes menschlicher Gottverstoßung.

Ist die in Christus eröffnete, in seiner Auferstehung verbürgte und seither verkündigte Sinnzukunft der Schöpfungswelt ganz dem Wirken Gottes vorbehalten, so büßt sie damit doch nur scheinbar ihre Bedeutung für die Wahrnehmung der vorfindlichen, natürlichen Welt und Umwelt in ihrer von Gott belassenen Frist uns unbekannter Dauer ein. Worin besteht diese Bedeutung?

Sie besteht in den orientierenden Grundperspektiven im Blick auf die vorfindliche natürliche Welt. Denn die im Christusgeschehen eröffnete Sinnzukunft der Schöpfungswelt deckt die vorfindliche Welt als eine verfallene auf, die nur noch Zeit, aber aus sich heraus keine sinnhafte Zukunft hat. Sie deckt den autokratischen Menschen als den Verursacher dieser Sinnzerstörung elementaren Lebens in seiner natürlichen Welt auf. Sie deckt auf, daß menschliches Trachten nach Gestaltung der natürlichen Welt zu einer nach eigenem Maß vollkommenen und gerechten Welt Wahn ist, der den Gott verdrängenden Sünder entlarvt und als Zukunft nur Tod, Vergehen und Sinnverlust hat. Sie erschließt damit eine nüchterne Sicht der natürlichen Lebenswelt vor Augen, sie bewahrt vor ökologischen Illusionen ebenso wie vor Frustrationen aus der Differenz von Utopie und Realität.

Die in Christus eröffnete Sinnzukunft der Schöpfungswelt tritt aber nicht minder aller Resignation und Weltverzweiflung entgegen. Sie macht nämlich ebenso offenkundig, daß in Christus sich Gott mit Sinn, Heil, Gerechtigkeit in einer vollkommenen, endgültigen Welt dem Menschen, seinem Leben und allem Geschaffenen zuwendet, ihn jetzt auf dieses anhebende, künftige Geschehen durch Christus orientiert und ihn damit befreit, sein Dasein in seiner Welt in Illusion, Sorge, Angst, Wahn und Gewalt selbst mit Lebensbefriedigung und Sinn er-

füllen zu müssen. Sie zeigt ihm sein elementares Am-Leben-Sein und seine ihm unverfügbar mitgegebene Lebensausstattung eingebettet in das stetige Schöpferwirken Gottes, der in der natürlichen Welt allem Lebendigen Leben gewährt, es zum Leben versorgt und die wertorientierende, verpflichtende *Garantie für den Bestand des Lebendigen* ist. Sie läßt ihn sehen, daß das Schöpfungsgeschehen als Grund allen konkreten Lebens und aller natürlichen Lebensausstattung in der *Freude am Dasein* und der *Schönheit der Welt* Zuwendung der Güte Gottes ist, aber mit der Zielrichtung, den Menschen und mit ihm alles Geschaffene in die Gotteszukunft vollkommenen Lebens zu führen, die durch Christus erschlossen ist. Sie läßt ihn daran erkennen, daß sein beglücktes Am-Leben-Sein in einer wohlausgestatteten Lebenswelt und alles Lebendigsein in der natürlichen Welt kein letzter, Lebenssinn erfüllender Wert sind, und ebenso, daß sein gemindertes, beschwertes Am-Leben-Sein in einer Welt voller Schmerzen und alles Lebendigsein in einer vom Leiden gezeichneten Welt selbst angesichts des Todes keine letzte, Lebenssinn vernichtende Infragestellung bedeutet.

Sie zeigt ihm, daß im Lichte dieser Glauben und Vertrauen heischenden Hinsicht auf Gott in Christus und sein kommendes Reich auch die *Überlebenskrise der natürlichen Welt* in unserer Zeit nicht eine Erscheinung einzig noch Sinn vernichtenden Schreckens ist, sondern Manifestation menschlichen Wahns und der Leidensgestalt der Welt, der aber die vom Schöpfer ersehene Zukunft des Geschaffenen überlegen bleibt.

Den Glaubenden läßt sie dieser Lage gegenüber nicht gleichgültig. Sie ermutigt sein Leiden und Mitleiden in Geduld und in Hoffnung auf den in Christus nahegekommenen Gott. Und sie aktiviert sein Denken, seine Liebe, seine Phantasie, seinen Willen zu Verzicht, seine Opferbereitschaft, seinen Einsatz, nüchtern unentwegt das Nötige zu tun und auch in einer säkularen Welt mit säkularen Handlungsperspektiven daraufhinzuwirken, daß Gottes Schöpfungswelt vor dem Menschen bewahrt bleibt, solange der Schöpfer selbst ihr noch Zeit gibt. Christliches Handeln orientiert sich nicht an Befürchtungen, sondern am Zusammenhang der Zukunft Gottes mit der Schöpfungsperspektive und ist darin frei, unermüdlich Zeichen zu setzen, Perspektiven geltend zu machen, die die Verantwortung für die natürliche Welt als Schöpfungswelt wachhalten.

Frist zur Bewahrung der Schöpfung

Auf die Bewahrung der natürlichen Welt als Schöpfungswelt hinzu-
wirken, ist Aufgabe des Glaubens im Dienst des Evangeliums und der
Kundgabe des Heils, das in Christus eröffnet ist. Insofern gelten im
Vollzug des Glaubens und seiner Bindung an Christus die Bestimmun-
gen unvermindert fort, die wir im siebten Kapitel an alttestamentlichen
Texten erhoben haben. Sie gelten freilich nun im Rahmen der *neuen*
Perspektiven, die Gottes Kommen in Christus erschlossen hat.

Weil erst Gottes Handeln in Christus und das in ihm eröffnete Gottesreich zeigen, was Gottes Schöpferwirken ist – nämlich nicht mehr
ein Geschehen, das in seiner Sinnvergabe auf den vorfindlichen Bereich und auf die natürliche Lebenszeit beschränkt ist, sondern zielge-
richtet auf das künftige Gottesreich in einer neuen Welt Gottes –, deshalb ist Bewahrung der Schöpfungswelt anders als in den alttestamentlichen Schöpfungstexten auch kein Handeln mehr, das seinen Sinn
schon in sich selbst trägt. Es ist vielmehr selbst zielgerichtetes Handeln, das seine Richtung, seinen Sinn und Wert in der in Christus ver-
bürgten Hoffnung auf die neue Welt hat, die Gott verwirklichen wird.
Bewahrung der Schöpfungswelt als Handlungsziel des Glaubens ist
somit Teilziel in der Zeit des Glaubens, das nach dem Neuen Testament innerhalb eines weit umfassenderen Geschehens zu sehen ist.

Wie sieht die Aufgabe des Christen *nicht* aus? Bewahrung der
Schöpfungswelt als Aufgabe des Glaubens ist deshalb grundsätzlich
geschieden von dem Bemühen, die Bewältigung der Überlebenskrise
der Moderne als Voraussetzung für eine menschlich machbare, heile
Welt der Zukunft zu verstehen und zu propagieren. Bewahrung der
Schöpfungswelt als Aufgabe des Glaubens ist im Sinne des Neuen Testaments frei von der Illusion, christliche Initiative könnte die Ver-
wandlung der vorfindlichen Welt in eine heile, gerechte Welt zumin-
dest im elementar-natürlichen Bereich steigern. Der Glaubende bewegt sich auch in der Schöpfungswelt, wie er sie antrifft, als einer Welt
des Wahns menschlicher Ausstoßung Gottes. Dieser Wahn wird aber
nach dem Neuen Testament erst außer Kraft sein, wenn Gott ihn mit
der Vollendung seines Reiches richtet und vernichtet – zu einer Zeit
und mit einer Macht, die ihm allein vorbehalten ist. Bewahrung der
Schöpfungswelt als Aufgabe des Glaubens ist deshalb auch frei von der
Illusion, die Minderungs- und Leidensgestalt der natürlichen Welt und
allen Lebens in ihr durch eine im übrigen schon durch Jesus abgewehr-
te (Mt 4,8ff.) christliche Weltherrschaft überwinden zu können. Diese

Leidensgestalt der natürlichen Welt ist im Neuen Testament Erscheinung und Folge des Wahns, in dem der Mensch sein kreatürliches Leben und die ganze Schöpfung an sich gerissen hat.

Wie ist die Aufgabe des Christen *positiv* zu bestimmen? Was der Glaube in die Kraft Gottes in Christus zur Bewahrung der Schöpfungswelt vermag, sind statt utopischer Vollkommenheits- und Machbarkeitsideale vielmehr unermüdlich gesetzte Zeichen, sind Manifestationen des künftigen Heils im Bereich der natürlichen Lebenswelt, die bezeugen, daß Gott seine neue Welt allem Geschaffenen aufgetan hat, sind Lebenskonkretionen der Einheit Gottes, des Schöpfers und Erlösers, und der Einheit seines auf Welt gerichteten Handelns. Unermüdlich gesetzte Zeichen – eben darin werden die illusionsbefreite Perspektive dessen, der auf die Wende Gottes wartet, und die unbegrenzte, nüchterne Aktivität zur Bewahrung der Schöpfungswelt als Handlungsgestalt christlichen Daseins in einem konkret.

Zu diesen Zeichen gehört gemäß dem Neuen Testament schon das unerschrockene, Isolation und Spott nicht scheuende Bekenntnis der Glaubenden, welches das ökologische Thema aus den Illusionen utopisch-autokratischer Machbarkeit durch menschliche Anstrengungen befreit und den Menschen in seiner Flucht vor Gott (!) als Verursacher zeigt. Was Welt ist, was der Mensch ist und beider Zukunft, ist im Christusgeschehen aufgedeckt; Bewahrung der Schöpfungswelt als Vollzug des Glaubens ist in Wort und Tat Vorgang im Rahmen der Verkündigung des Evangeliums.

Positiv gehört zu diesen Zeichen im Sinne des Neuen Testaments vor allem, daß der elementare, dem Schöpferwirken korrespondierende *Grundwert des natürlichen Lebens*, des menschlichen wie des außermenschlichen, und der Angewiesenheit beider auf die Lebensausstattung der natürlichen Welt zu Geltung und Vorrang gebracht wird. Und zwar im Blick auf Lebensdienlichkeit und Lebensschonung in allen dafür heute relevanten Bereichen – in der Wissenschaft, insbesondere den Naturwissenschaften und der Medizin, in Technik und Industrie, in den Vorgängen des politischen, sozialen, wirtschaftlichen Geschehens wie des persönlichen Verhaltens des einzelnen. Also Zeichen, in denen Christen die Aufgaben der «Gottesbildlichkeit» und des «dominium terrae» aus Gen 1 aktiv, illusionsfrei-realistisch ausüben – aber in der dafür unerläßlichen Orientierung an Schöpfer und Schöpfung und in dem neuen Horizont des Christusgeschehens, das Sinn, Ziel und Grenze dieser Aufgaben neu bestimmt: Ihr schöpfungsgemäßer

Sinn zeigt sich in Jesu Wirken, ihr Ziel in der Gotteszukunft der Auferstehung Jesu und ihre Grenze in dieser Zeit in Jesu Leiden und Kreuz. Christliche Verwirklichung der Sonderstellung des Menschen ist deshalb frei von der titanischen Überschätzung menschlicher Möglichkeiten und frei zu einem Wirken in nüchterner Vernünftigkeit, Planung, Erkenntnis- und Handlungsverzicht. Sie ist deshalb nicht minder frei von Bindungen an utopisch-ideale Vorbilder einer vom Menschen erdachten heilen Welt und im Sinne des Schöpfungsgeschehens frei zu Zeichen der Besserung des Gegebenen, des Tuns des Nötigen, der Humanität in von Menschen geschaffenen Zuständen, der Eindämmung des Schädlichen im Sinne jetzigen und künftigen Gemeinwohls. Sie ist deshalb auch frei von einer Reduktion des Lebens auf das pure Überleben als ethisches Ziel; denn der biblische Grundwert Leben ist von vornherein qualitativ umgreifender gefaßt.

Geltung und Vorrang des Grundwertes natürlich-elementaren Lebens sind gemäß dem Neuen Testament freilich nicht deshalb Zeichen, die der Glaube zu setzen hat, weil solches elementare Am-Leben-Sein und damit die natürliche Welt in der Perspektive des Glaubens noch ein sinnhafter Selbstwert wären. Sondern damit eine elementare Selbsterfahrung menschlichen Lebens im Zusammenhang eines allem Lebendigen zugewandten, Mensch und Natur gleichermaßen umschließenden und wertschätzenden Geschehens *für alle erhalten* bleibt, *für alle erlebbar*, damit alle auf die hier wirksame, allen zugewandte Schöpfergüte Gottes angesprochen werden können im Dienste der Verkündigung des Heils, das Gott seiner Schöpfung zuwenden will.

Dies schließt ein, Schöpfungsqualität und Heilsziel Gottes auch der außermenschlichen Schöpfung zuzuerkennen und dabei Schöpfung tätig vor den autonomen Ansprüchen des Menschen zu bewahren. Nicht von ungefähr wird in der gegenwärtigen Diskussion der Überlebensproblematik auf das Phänomen des Lebens als erfahrungsbezogenes Wertkriterium hingewiesen und Albert Schweitzers berühmte, anticartesianische Mahnung zur «Ehrfurcht vor dem Leben» aufgenommen. Es ist im Sinne des Neuen Testaments ein Handlungszug des Glaubens, kreatürliches Leiden bei allem Lebendigen nach Kräften zu lindern und zu verringern und seine Unaufhebbarkeit nicht als Vernichtung von Lebenssinn, sondern als Leidensgestalt eines für Gottes Heil geschaffenen Lebens zu zeigen.

Dies schließt ein, glaubend Zeichen zu zeigen und zu gewähren von

Lebensbefriedigung, von Lebensentfaltung statt autokratischer Selbstdurchsetzung, von Lebensqualität, von Lebensspielraum der Freiheit zwischen Mensch und Mensch, in staatlichen Ordnungen und zwischen Völkern und Staaten, zwischen Tier und Mensch. Zeichen von Sinnerfahrung, Freude und Glück als Hinweis auf die ewige Sinnerfüllung, die Gott allem Lebendigen bereiten will. Dies schließt aber ebenso sehr ein, Lebensbedarf nicht an dem unruhigen Verlangen des autokratischen, je für sich selbst um Sinn besorgten Menschen zu orientieren, sondern an Gottes Sinnerschließung für Leben in Christus und der daraus folgenden Bestimmung, was der Mensch an elementaren Gütern des Lebens wirklich braucht. Also im christlichen Daseinsvollzug Zeichen eines gewandelten Lebensstils zu setzen. Dazu gehören auch Verzicht und Opferbereitschaft zugunsten einer Ausstattung der elementaren Lebenswelt anderer, deren Mangel der Erfahrung der Schöpfergüte Gottes, dieser Voraussetzung und Grundlage des Heils, im Wege steht; das Schöpfungsgeschehen auch trotz seiner Pervertierung durch den Menschen erlebbar zu halten, ist schon im Alten Testament nicht weniger aber im Sinne des Neuen Testaments eine Dimension sozialen Handelns!

Bewahrung der natürlichen Welt als Handlungsziel des Glaubens ist also Nächstenliebe in einer auf die Erfahrung Gottes des Schöpfers bezogene Gestalt, die in allen dafür relevanten Handlungen des Glaubenden diakonisch zur Geltung zu bringen ist. Solche Nächstenliebe ist zumal angesichts unserer gegenwärtigen Lage gewiß nicht nur auf das elementare Leben von Menschen in ihrer natürlich-vorgegebenen Lebenswelt beschränkt. Obwohl das Neue Testament, abgesehen von der Anschauungsebene der Gleichnis- und Bildreden (z. B. Mt 18,12ff.; Joh 10; vgl. Mk 1,13?), für die unbelebte Natur keine und für das tierische Leben kaum ausdrückliche Aussagen bringt, schließt solche Nächstenliebe in seinem Sinne als «Mitkreatürlichkeit» des Menschen gewiß auch das außermenschliche Leben ein; denn die Schöpfungswelt ist auch gemäß dem Neuen Testament nicht nur für den Menschen geschaffen, sondern mit ihm für Gottes künftige Heilswelt bereitet.

Das Neue Testament und die biblische Botschaft überhaupt suchen Glaubende, auch in der Krise des Überlebens der natürlichen Welt in einer pluralistischen, säkularen Zeit. Die gemeinsame Nötigung und das gemeinsame Erschrecken vereinigen heute aber notwendig viele in der Aufgabe einer Bewahrung der natürlichen Welt zum Schutz des Lebens, und zwar aus den unterschiedlichsten Motiven, Erwartungen

und Zielen. Im Sinne der biblischen Perspektiven werden sich die
Glaubenden in aktiver Mitarbeit und Mitverantwortung solchem Bemühen auch von außerchristlicher und säkularer Seite um voraus-
schauend-planerische Perspektiven, um naturwissenschaftlich-techni-
sche Möglichkeiten, die Überlebenskrise zu bändigen, um die Freile-
gung menschlicher Grundeinsichten, um die Stützung elementar-le-
bensorientierter Handlungsperspektiven nicht entziehen. Sie werden
jene Bemühungen unterstützen, die nicht der Verstoßung Gottes und
der Machtergreifung des autokratischen, Natur zerstörenden Menschen, sondern dem Ziel der Bewahrung der natürlichen Welt für Leben dienen. Christen haben weder Gott zu seiner eschatologischen
Weltenwende anzutreiben, noch die schauerliche Talfahrt der Schöpfung zu beschleunigen. Sie werden im Sinne des Neuen Testaments
vielmehr an ihrem Teil beitragen, das Schöpfungsgeschehen Gottes inmitten der Unausweichlichkeit zugefügter und erlittener Lebensschä-
digung für alle präsent zu halten und einer Vernichtung der Schöpfungswelt durch den Menschen entgegenzuwirken, solange Gott dieser Schöpfungswelt Frist gibt.

Im Rahmen dessen können Konkretionen gewiß weder in einer illu-
sionär-pauschalen Abwertung von Naturveränderung durch Naturwissenschaft und Technik, noch in einem theologisch ebenso illusionären Erhalten alles Natürlichen noch gar in der Maxime der «Hege
und Pflege», die für eine längst verschlossene Paradieswelt galt, bestehen; wie das Alte Testament so zielt auch das Neue Testament vielmehr primär auf den Menschen in seiner Grundeinstellung und Verantwortung vor dem sich kundgebenden Gott.

Mitarbeit und Mitverantwortung der Glaubenden für die Bewahrung der natürlichen Lebenswelt werden aber geschehen als Vollzug
der Verkündigung des Evangeliums, aus dem solche Bewahrung ihren
Sinnhorizont empfängt als kundgegebenes, übergreifendes, kritisches
Element eben des «Guten», auf das sich die kollektiven Handlungsziele vieler richten. Christen werden für die Bewahrung der Schöpfungswelt wirken: Im Vorbild gelingenden, Schöpfungszeichen setzenden
Lebens, des eigenen wie der «kleinen Gruppen». Im nüchternen Ab-
wägen der Risiken zugunsten des heute und künftig lebensdienlich
Gebotenen. Im Ansprechen der Menschen in ihrem Lebensumgang
mit der natürlichen Welt auf Gott, ihren und allen Lebens Schöpfer. In
der Bestätigung und Stützung der darin eingeschlossenen, vorgegebenen Grundwerte, Perspektiven, Wahrnehmungs- und Erkenntnisan-

leitungen. Im kritischen Aufdecken, was Welt, was der Mensch als Verursacher seiner gefährdeten Welt im Lichte des Christusgeschehens ist. Im Anbieten des Heils, das Gott allem Geschaffenen aus Gnaden schenken will, um seine Schöpfung zu vollenden.

10. Bilanz: Bibel und Naturwissenschaft

Die Kapitel zur biblischen Sicht haben uns immer weiter weggeführt von der neuzeitlichen Sicht eines historischen Ablaufs der Naturgeschichte und der Entstehung von Menschen in deren Rahmen. Der Grund dafür liegt nicht nur in der Selbstverständlichkeit, daß antikbiblische Texte die Fragestellungen, Lösungswege und Erkenntnisse moderner Naturwissenschaft noch nicht zur Verfügung haben. Der Grund dafür liegt tiefer. Er liegt in einer jeweils verschiedenen Perspektive. Die biblische Perspektive hat uns dabei gezwungen, sogar die Thematik der Herkunft des Menschen im engeren Sinne ausdrücklich zu überschreiten und die Fragen nach Orientierungswerten, Aufgaben und Zukunftsperspektiven des Menschen in der Schöpfung einzubeziehen.

Die unterschiedliche Perspektive
Vergleicht man die biblische Sicht mit der modernen Naturwissenschaft, so ergeben sich kritische Fragen.

In den Fragestellungen und Bestimmungen der klassischen sowohl wie der modernen, Relativität und Zeitlichkeit des Fragens berücksichtigenden Naturwissenschaft werden, so zeigt sich, gerade jene Aspekte der natürlichen Welt ausgeblendet, die in den Schöpfungsaussagen die grundlegenden sind: lebensbetroffene Wahrnehmung des Zusammenhanges von Welt und Lebendigem einschließlich des fragenden Menschen, Wahrnehmung und Festhalten der Grunderfahrung ganzheitlich-zeitlicher Weltgewährung für den elementaren, aktuellen Lebensbestand. Naturwissenschaftler weisen heute selbst darauf hin.

Die natürliche Welt in ihrer naturwissenschaftlichen und in ihrer schöpfungsmäßigen Erfassung verhalten sich also nicht wie nachvollziehbares Wissen und realitätsloser Glaube zueinander, wie das Verhältnis gerne simplifiziert wird. Denn unbeschadet ihrer neuzeitlichen Verdrängbarkeit orientieren sich die Schöpfungsaussagen, wie wir sahen, durchaus an einem realen, bleibenden Erfahrungsanhalt: Sie bedenken die Selbsterfahrung des Lebendigen in einer vorgegebenen, lebensdienlichen Welt als elementares Sinnereignis und bringen seinen Grund zur Sprache. So hat die neuzeitliche Naturwissenschaft zwar nicht mehr die Sachperspektiven der Schöpfungsaussagen in sich; sie sind auf das Feld privat-ästhetischer Beliebigkeit abgedrängt. Wohl aber können die Schöpfungsaussagen das vernünftig erfragbare Naturwissen auch der Moderne in sich aufnehmen, werden es aber in ihrer Sachperspektive umschließen und weit übergreifen. Schon in die biblischen Schöpfungsaussagen selbst ist ja je später je mehr alles bekannte Naturwissen eingegangen – astronomische und meteorologische Erscheinungen, Geographie, Pflanzenkunde, Kenntnisse über Tiere, ihre Umwelt und ihr eigentümliches Verhalten, Wissen um Züchtung und Fortpflanzungsvorgänge, dazu durchaus rationale Bestimmungen über die sachnotwendige Folgerichtigkeit des Weltaufbaus, über Welträume, Weltarchitektur und -statik usw. Dieses Wissen steht dort jedoch beileibe nicht neben den Schöpfungsaussagen oder gar gegen sie. Es kann und muß integriert werden, weil diese erkannten Erscheinungen, Zusammenhänge, Bestimmungen, Ordnungen zwar nicht selbst göttlich, aber hinsichtlich ihrer aktuellen und steten Lebensdienlichkeit, wie sie die Selbsterfahrung des Lebens als Widerfahrnis aufnimmt, von Gott mitgeschaffen sind und insofern ihre Funktion und Bedeutung innerhalb der Lebensperspektive von Welt als Schöpfung haben. Erst in diesem Rahmen wird Naturwissen in seinem Ort, Sinn und Wert sichtbar.

Will man diesen Sachverhalt in Anbetracht unseres modernen Kenntnisstandes konturieren, muß man differenziert vorgehen. Weil die Schöpfungstexte von der gegenwärtigen Lebenswelt wie sie seit jeher war, ausgehen, richten sie sich auch nur auf Erscheinungen dieser Lebenswelt vor Augen und nehmen als Grund ihres lebensdienlich-unverfügbaren Gewährtseins Gott den Schöpfer wahr. Die in dieser Lebenswelt ablaufenden Vorgänge und Gesetzmäßigkeiten, wie sie moderne Naturwissenschaft bestimmt, sind ihnen als antiken Texten ebenso unbekannt wie die langzeitige Genese kosmischer, geologischer und biologischer Phänomene, die allererst zu dieser Lebenswelt vor Augen führte. So sind sie im Blick auf ihren eingebrachten Wissensstand vernünftiger Naturerkenntnis dem heutigen Wissensstand unterlegen und setzen Gott den Schöpfer gleichsam zu spät an, nämlich erst bei der Lebenswelt vor Augen. Wie könnte der Einschluß der naturwissenschaftlichen Sicht in die Schöpfungsperspektive aussehen?

Die die Naturwissenschaft übergreifende Schöpfungsperspektive

Müßte Gott gemäß heutigem Kenntnisstand demnach viel früher in Ansatz gebracht werden, damit die Schöpfungsaussagen ‹richtig› werden, also gleichsam vordatiert einfach am Anfang der dann anonymen, eigengesetzlichen genetischen Werdeprozesse und Gesetzmäßigkeiten, die die Lebenswelt vor Augen bestimmen, etwa als «prima causa», als «erster Beweger»? Nach allem, was wir gesehen haben, würden die biblischen Schöpfungsaussagen, wenn solche Folgerungen hier einmal gestattet sind, dem entschieden widersprechen.

Warum? Weil sie ihrer Intention nach nicht in quasi-naturwissenschaftlichen Kausal- oder genetisch-naturgeschichtlichen Perspektiven aufgehen, sowenig sie der Möglichkeit solcher Sicht und Befragung prinzipiell entgegenstehen. Sie würden vielmehr das eminente Erfahrungsdefizit solcher naturwissenschaftlichen Welterklärung, wo sie sich zur allein realitätsgerechten erhebt, kritisieren. Sie würden darauf dringen, daß in den Aussagen, denenzufolge Gott Leben und lebenskonstitutiv-vorgegebene Erscheinungen von Welt schafft, macht, befiehlt, die unausweichliche Elementarerfahrung unverfügbaren, stetigen, sinn- und werthaften Widerfahrnisses von Leben und Lebenswelt aufgenommen ist. Sie würden deshalb alle lebensdienlichen Erscheinungen der natürlichen Welt einschließlich ihrer naturwissenschaftlich erhobenen Detailabläufe, Gesetzmäßigkeiten, genetischen Entwicklungen als «Schöpfung Gottes» qualifizieren und davon auch die langzeitigen Werdeprozesse nicht ausnehmen, die zu dem Bild der natürlichen Welt vor Augen führen. Sie würden demnach in einem allbeherrschenden, naturwissenschaftlichen Bild von Welt eine eminente Verkürzung realer Lebenswelt sehen.

Die Aussagen, daß Gott dieses und jenes gemacht, erschaffen, bei der Schöpfung angeordnet hat, haben also beileibe nicht nur einen historisch-vergangenen, in antiker Wissensbegrenzung und Religiosität begründeten Realitätsanhalt, der sich inzwischen längst in naturwissenschaftliche Erkenntnisse überführen und auflösen ließe. Ihr Realitätsanhalt ist das naturwissenschaftlich abgeblendete Widerfahrnis der Sinnhaftigkeit gewährleisteten Lebens für alles Lebendige, das sich stetig ereignet und in der Totale der natürlichen Welt geschieht. Schöpfung vollzieht sich also nicht nur im Persönlichen und auch nicht nur im Zusammenhang von Gesetzmäßigkeit und Kontingenz, von Zufall und Plan. Schöpfung vollzieht sich unter Einschluß all der naturgeschichtlichen und naturgesetzlichen Vorgänge und Bedingungen, die

Naturwissenschaft erkundet. Schöpfung erschöpft sich aber darin nicht. Ihre Perspektive richtet sich auf den Menschen in seiner Lebenswelt, auf diese seine Lage seit jeher; sie zeigt ihm in biblischer Klärung sein Leben als Grunderfahrung inmitten anderen Lebens; sie eröffnet ihm, sein Dasein als Geschenk und lebensschützende Aufgabe zu sehen; sie erschließt Grundwerte, überlebenswichtige Grundorientierungen, Anleitung für werthaftes, sinnhaftes Erkennen und Handeln. Der Mensch bedarf ihrer um seines und des Bestandes der elementaren Lebenswelt willen; er bedarf ihrer zum verantwortlichen, sinnvollen Umgang mit seinen naturwissenschaftlichen Erkenntnissen und technischen Möglichkeiten.

Die Aufgabe: Lernbereiter Dialog

Sechs Thesen mögen als Zusammenfassung am Schluß stehen:

1. Das Wesentliche am biblisch verkündeten Menschenbild ist gleichsam der *Rahmen*, in dem es steht und entsteht: sein Ansatz bei der Selbsterfahrung eigenen und anderen Am-Leben-Seins, ausgestattet mit vorgegebenen und gewährten Elementarmöglichkeiten, Leben zu fristen. Dieser ganz lebensnahe, aktuell-zeitbezogene, ganzheitliche Ansatz elementar-betroffener Lebenswahrnehmung redet von Gott dem Schöpfer, der unverfügbar, nicht machbar Leben als Gabe und elementaren Grundwert allem Lebendigen gewährt.

2. In dieser lebensbetroffenen Elementarperspektive von natürlicher Welt und Leben ist ein vorgeordneter Wert und Sinn gesetzt, der sich als Geschehen für den Menschen wie für alles Lebendige stetig ereignet. In diesem unverdrängten Erfahrungsrahmen von Schöpfung bewegen sich Erkenntnis und Handeln des Menschen. Solche Perspektive bewahrt einen *wesentlichen Überschuß der biblischen Schöpfungsaussagen* angesichts der Naturwissenschaft. Das Gegenüber in dieser Perspektive ist nicht: hie Natur als neutrale Gesetzmäßigkeiten und anonyme genetisch-historische Prozesse, dort der Mensch mit seinen Möglichkeiten und Lasten, selbst Sinn, Wert, Gebrauch, Nutzung, Verwertung aus freien Stücken autonom zu bestimmen. Sondern das Gegenüber in der Schöpfungsperspektive ist: hier ein vorgegebenes Ge-

schehen, das sich unter Einschluß naturwissenschaftlicher Abläufe und Gesetze stetig zugunsten alles Lebendigen verwirklicht
und darin vorgegeben Sinn und Wert hat, und da der Mensch inmitten dieses Geschehens und mit seinem Leben Teil dessen, der
dieses Geschehen unter Wahrung des Gesamtsinnes Schöpfung
zur Fristung und Beglückung seines Daseins und zur Lebensschonung anderer Lebendigen zu gestalten hat.

3. *Die naturwissenschaftlichen, die kosmo- und biogenetischen Einsichten der Moderne* sind in dieser Schöpfungsperspektive, obwohl sie die Bibel so noch nicht kennt, weder abgewertet noch
infragegestellt. Wohl aber sind sie in ihrer Alleingeltung als be-
herrschende Standort- und *Sinn*bestimmung des Menschen in
der natürlichen Welt bestritten; sie würden die übergreifenden
Sinn- und Wertfragen mit fatalen Folgen der Autonomie, heißt
dem Wahn des Menschen ausliefern. Die Einsichten der Moderne sind vielmehr aufgenommen in die Schöpfungsperspektive
und als ständig fortschreitendes Teilwissen umgriffen von einem
umfassenden Wahrnehmungsrahmen. Was den Menschen sinnhaft orientiert, ist nicht sein Ort an einem Punkt im unermeßli-
chen kosmischen Gesamtsystem, ist nicht seine Herkunft und
Vorprägung aus Gesetzmäßigkeiten und anonymen Prozessen in
der Natur. Was den Menschen sinnhaft orientiert, ist seine ihm
biblisch kundgegebene Sinnbestimmung in einem Geschehen der
Lebensvergabe, das ihn einschließt, ihn übergreift und seine Verantwortung am vorgegebenen, gewährten Grundwert des Lebens ausrichtet. Auf der Erfahrungs- und Handlungsebene von
Sinn, Wert und Verantwortung ist das Weltbild des Menschen
theozentrisch und notwendig geo- und anthropozentrisch.

4. Daß naturwissenschaftliche, technische, biologische, medizini-
sche, psychologische Einsichten der Moderne auch im Sinne der
Schöpfungsaussagen ein *eminenter Zugewinn* für die umfassende
Gewährleistung der Grunderfahrung des Lebendigen sind, ist
nicht infragezustellen, sondern von Theologie und Glaube un-
verkrampft in Fortschreibung biblischer Aussageintentionen
aufzunehmen. Umgekehrt aber dringen die biblischen Aussagen
darauf, daß es sich hier nicht um die allein realen, um wertfreie,
neutrale Einsichten handelt, deren Ausbildung und Anwendung

in das Belieben des Menschen gestellt wären. Im Sinne biblischer Perspektive sind es Einsichten, deren Stellenwert und Grenze sich aus dem Geschehen von Schöpfung, aus der göttlichen Lebensvergabe zugunsten alles Lebendigen seit jeher, jetzt und künftig ergeben.

5. Das *Neue Testament* wie in Teilen schon das Alte Testament bringen *zwei wesentliche Aspekte* des biblischen Menschenbildes hinzu, obwohl die Grundlage der Schöpfungsaussagen und der verantwortlichen Bewahrung der gesamten Lebenswelt durch den Menschen nicht verlassen wird:

(a) *die radikale Sicht des Wahnes*, der zerstörerischen Selbstorientierung des Menschen an sich selbst – Sünde –, die nur in der Bindung an den biblisch kundgegebenen Gott in Christus durchbrochen werden kann. Diese Bindung wird freilich keine universale Realität, so daß die Leidensgestalt der natürlichen Welt und des Lebens von selbst verginge oder gar progressiv-fortschrittlich vom Menschen überwunden werden könnte.

(b) die Perspektive einer von Gott und nur von ihm gewährten, *künftigen, heilen Lebenswelt*, die Gott durch Christus eröffnet hat; in ihr kommt Schöpfung zur Vollendung. Bewahrung der natürlichen Lebenswelt im Sinne des Schöpfungsgeschehens ist demnach für den Christen Handeln in Hoffnung auf Gottes Reich und Handeln in Frist, solange Gott seiner Schöpfung noch Zeit läßt – aber gerade deshalb unermüdliches Handeln, das unentwegt Zeichen Gottes setzt, der das Leben liebt.

6. Das biblische Thema des Menschen als Geschöpf in der Schöpfungswelt wird in unserer gegenwärtigen Lage vom neuzeitlichen Naturwissen, seinen Wandlungen und technischen Anwendungen weder überholt noch außer Kraft gesetzt. Aber es muß über das antike Bewußtsein der biblischen Zeugen *hinaus* heute weiter bedacht werden, und in *anderen* Herausforderungen Lebensgestalt gewinnen. Unsere Probleme, unsere Gefahren, unsere Grenzen und das Bewußtsein unserer selbst sind nicht mehr die der biblischen Zeugen. Doch die biblischen Texte sind zum Glück so wenig situations- und zeitverhaftet, daß sie unsere Phantasie und Verantwortung lähmten, beim realistischen Heute

anzusetzen; und biblische Texte sind zum Glück so erfahrungs-
wahr, werterschließend, richtungsgerade und zielbestimmt, daß
sie die notwendigen Wandlungen unseres Bewußtseins zugunsten einer schöpfungsbezogenen Weltbewahrung zu orientieren
vermögen.

Bildnachweis

Seite 36: Verena Eggmann Zürich
Seite 49: Keystone
Seite 85: Keystone
Seite 93: «Das lebende Kreuz», München, ca. 12. Jhd.
Seite 95: Foto Grasser, Bildagentur Baumann, Würenlingen
Seite 96: Foto Bias/Baumann, Würenlingen